浙江省高校重大人文社科攻关计划项目资助（2021GH041）

社会-生态系统
视野下的水利社会研究

蒋剑勇　陈亮　著

U0382000

中国水利水电出版社
www.waterpub.com.cn
·北京·

内 容 提 要

本书借鉴社会-生态系统理论分析框架，构建统一的水利社会分析框架；分析历史时期水权纠纷、水权界定及水权交易等，为传统乡村围绕水权问题的诸多社会现象提供理论解释；聚焦公共水资源使用面临的集体行动问题，探讨影响传统乡村水利社会治理成效的关键因素；考察传统地方乡村社会围绕水资源开发利用形成的社会组织、制度安排和文化现象及社会发展变迁。

本书可供水利社会、水利史等相关领域研究者参考。

图书在版编目（ＣＩＰ）数据

社会-生态系统视野下的水利社会研究 / 蒋剑勇，陈亮著. -- 北京：中国水利水电出版社，2023.12
ISBN 978-7-5226-2334-4

Ⅰ．①社… Ⅱ．①蒋… ②陈… Ⅲ．①水利工程－社会学－研究 Ⅳ．①TV512

中国国家版本馆CIP数据核字(2024)第029571号

书　　名	**社会-生态系统视野下的水利社会研究** SHEHUI - SHENGTAI XITONG SHIYE XIA DE SHUILI SHEHUI YANJIU
作　　者	蒋剑勇　陈亮　著
出版发行	中国水利水电出版社 （北京市海淀区玉渊潭南路 1 号 D 座　100038） 网址：www. waterpub. com. cn E - mail：sales@ mwr. gov. cn 电话：（010）68545888（营销中心）
经　　售	北京科水图书销售有限公司 电话：（010）68545874、63202643 全国各地新华书店和相关出版物销售网点
排　　版	中国水利水电出版社微机排版中心
印　　刷	天津嘉恒印务有限公司
规　　格	170mm×240mm　16 开本　12 印张　195 千字
版　　次	2023 年 12 月第 1 版　2023 年 12 月第 1 次印刷
定　　价	**60.00 元**

凡购买我社图书，如有缺页、倒页、脱页的，本社营销中心负责调换

前言

　　近年来，从水利的视角观察中国历史社会已经引起了国内外历史学、社会学、经济学、人类学等诸多学科学者的浓厚兴趣。中国水利社会史研究方兴未艾，持续受到学界的关注。然而，现有研究在水利社会理论框架构建以及历史水权、水利共同体等理论分析方面尚有继续深化的空间。

　　基于此，本书借鉴社会-生态系统框架，整合现有的水利社会类型研究，构建水利社会分析框架，对水利社会研究中的历史水权、水利共同体等核心理论问题进行探讨，开展地方水利社会综合研究，考察传统乡村社会围绕水资源开发利用的乡村社会关系形成、发展与变迁。

　　本书共分为6章，第1章为绪论，重点阐述选题缘由，系统梳理已有的相关研究，提出研究思路和内容结构，说明研究中所使用的主要方法。第2章为社会-生态系统视野下的水利社会分析框架研究，在评析现有水利社会类型研究的基础上，借鉴社会-生态系统框架，构建以资源系统、资源单位、治理系统和行动者为核心子系统的水利社会分析框架。第3章为乡村社会历史水权研究，从理论层面厘清现有历史水权研究中存在的误区，运用现代产权理论对明清时期水权纠纷频繁现象进行解释，阐释乡村社会如何进行水权界定、实施和保护，并对水权交易案例进行分析。第4章为乡村水利共同体治理研究，聚焦公共水资源使用面临的集体行动问题，运用社会-生态系统分析框架，探讨历史时期乡村水利共同体的治理成效及其关键因素。第5章为地方水利与社会变迁研究——以丽水通济堰为例，开展区域水利社会综合研究，考察相关的社会、经济、政治背景和生态环境系统下，传统乡村社会围绕水资源开发利用形成的社会组织、制度安排和文化现象等及社会发展变迁。第6章为研究结论与展望，总结本书的主要研究结论，并提出未来的研究展望。

总体而言，本书从社会-生态系统视野审视水利社会，将理论分析和实证研究结合起来，初步阐释了我国传统乡村水利社会的生成逻辑和内在机理。与以往水利社会的相关研究相比，本书可能在以下方面有一定的贡献：

首先，本书将不同类型的水利社会纳入统一的分析框架，有助于揭示水利社会蕴含的共性规律，进而推动水利社会史学科理论体系的建构；其次，本书对传统乡村围绕水权问题的诸多社会现象提出了新的理论解释，对于推进历史水权问题研究有一定的理论价值；最后，本书运用社会-生态系统框架，聚焦公共水资源使用面临的集体行动问题，识别出影响传统乡村灌溉系统治理成效的关键因素，为传统水利共同体研究提供的新的视角。

本书是浙江省高校重大人文社科攻关计划项目（2021GH041）资助的研究成果。本书的写作参阅了大量专家、学者的研究成果，特别是陈方舟博士的相关著作，在此表示感谢！

由于作者水平有限，书中难免存在不足之处，敬请读者批评指正。

蒋剑勇

2023 年 10 月

目 录

第 1 章

绪 论

1.1 选 题 缘 由

　　水利是人类为满足生产和生活需要而对自然界水资源进行干预的手段，它不仅是承载历史的物质符号，同时也折射着所嵌入其中的社会关系变迁。❶ 中国自古以来就是一个水利大国，有着数千年人与水相处的真实连续记录。从远古的大禹治水开始，关于防洪、灌溉、水运等治水的文献记载比比皆是，积累了大量的水利史料。在二十四史中，自司马迁《史记·河渠书》以降，《河渠志》《沟洫志》都是记载水利的专篇，《地理志》《食货志》中亦有关于水利的记载。还有历朝的实录，如《明实录》《清实录》等，其中也有不少关于水利方面的内容。《水经》是中国第一部记述河道水系的专著，郦道元又对它进行了重要的发展和丰富，写就了《水经注》这部煌煌巨著，同类著作还有清代的《水道提纲》等。流域的综合治理历来受到重视，有关的文献非常丰富。如关于黄河治理的专著《河防通议》《河防一览》《治河方略》《河防疏略》等，关于运河的《漕河图志》《南河志》《山东运河备览》等，关于太湖流域治理的《吴中水利书》《浙西水利书》《太湖备考》等，以及关于海塘工程的《海塘录》《两浙海塘通志》《海塘新志》，等等。清代汇编的《行水金鉴》分叙从远古到清康熙年间几大河流的水利史实，此后又有《续行水金鉴》《再续行水金鉴》。各种志书里也都有不少水利方面的记载，如《元和郡县志》《太平寰宇

---

❶ 李华. 隐蔽的水分配政治：以河北宋村为例. 北京：社会科学文献出版社，2018。

记》《元丰九域志》和元、明、清《一统志》中多有河渠、水利、航运等门类，地方志中都有各地兴水利除水害的内容。此外，古代科技著作和类书中也有水利记载，如《齐民要术》《梦溪笔谈》《王祯农书》《农政全书》《太平御览》《古今图书集成》等。古代的管理或法制文件中也有水利方面的内容，如《通典》《通志》《文献通考》《皇朝通典》《唐会要》《宋会要辑稿》《明会典》《清会典》，以及《水部式》《农田水利约束》《工律·河防》《工部则例》，等等。民国时期还有一些关于水利史方面的著作，如《淮系年表》《江苏水利全书》《黄河年表》《历代治黄史》《中国水利问题》《历代治河方略述要》等。❶

20 世纪 30 年代，冀朝鼎发表英文著作 *Key Economic Areas in Chinese History，As revealed in development of poblic works for water-control*（《中国历史上的基本经济区与水利事业的发展》），提出"基本经济区"这一核心概念，以大量历史文献和地方史志为基础，把中国古代水利灌溉的发展演变脉络同中国历代王朝兴衰更替、中国经济重心的转移等联系起来。❷ 郑肇经的《中国水利史》，分黄河、扬子江、淮河、永定河、运河、灌溉、海塘、水利职官 8 个方面内容，对中国水利发展历史过程及其规律做了系统的论述。❸ 1957 年，魏特夫发表《东方专制主义》，提出"治水国家说"，认为水利工程的建设和管理需要大规模协作，就需要纪律、从属关系和强有力的领导，由此产生了东方专

❶ 蔡蕃. 集水利古籍大成的《中国水利史典》. 运河学研究，2022（1）：252 - 267。

❷ 冀朝鼎. 中国历史上的基本经济区与水利事业的发展. 朱诗鳌，译. 北京：中国社会科学出版社，1981。

❸ 郑肇经. 中国水利史. 北京：商务印书馆，1993。

制主义。❶ 1971 年，李约瑟等出版《中国科学技术史》第四卷第三分册，其中的水利工程部分考察中国历代古代水利建设成就，并对重要水利工程、技术以及管理进行了研究。❷ 1979—1989 年间，《中国水利史稿》上中下册陆续出版，是新中国成立后第一部较为系统的中国水利通史。❸ 1987 年，姚汉源的《中国水利史纲要》出版，该书将我国水利发展历史分六个阶段，对防洪、农田水利、航运工程等三大内容进行分析，其他如海塘、城市水利、水利利用等也有所涉及。❹ 周魁一的《中国科学技术史·水利卷》分“基础学科篇”与“工程技术篇”，对我国传统水利科技进行系统研究。❺ 还有其他代表性研究成果，如郭涛《中国水利科学技术史概论》、顾浩《中国治水史鉴》、谭徐明《中国防洪与灌溉史》、郑连第《灵渠工程史述略》、蔡番《北京古运河及城市供水研究》、姚汉源《黄河水利史研究》，等等。❻

传统的水利史研究，主要关注治河防洪、农田水利、水利技术、航运工程等研究，产生了丰富的研究成果。❼ 姚汉源在《中国水利史纲要》自序中写道，“本书比较注意工程之兴废，稍及

---

❶　魏特夫 A. 东方专制主义：对于集权力量的比较研究. 徐式谷，等译，北京：中国社会科学出版社，1989。

❷　李约瑟. 中国科学技术史（第四卷第三分册土木工程及航海技术）. 汪受琪，等译. 北京：科学出版社，2008。

❸　武汉水利电力学院，水利水电科学研究院《中国水利史稿》编写组.《中国水利史稿》上、中、下三册分别于 1979 年、1987 年、1989 年由水利电力出版社出版。

❹　姚汉源. 中国水利史纲要. 北京：水利电力出版社，1987。

❺　周魁一. 中国科学技术史·水利卷. 北京：科学出版社，2002。

❻　谭徐明. 从历史、当代、未来中追寻水利的真谛：水利史研究的回顾与展望. 中国水利水电科学研究院学报，2008，6（3）：231-237。

❼　谭徐明. 从历史、当代、未来中追寻水利的真谛：水利史研究的回顾与展望. 中国水利水电科学研究院学报，2008，6（3）：231-237；晏雪平. 二十世纪八十年代以来中国水利史研究综述. 农业考古，2009（1）：187-200；张裕童. 改革开放 40 年来的中国水利史研究. 华北水利水电大学学报（社会科学版），2019，35（4）：1-6。

政治经济与水利之互相制约，互相影响，为社会发展的一部分，但远远不够，不能成为从经济发展看的水利史，仅能为关心这一问题的专家提供资料而已"。❶ 20 世纪 90 年代以来，随着社会史研究的兴起，通过水利观察中国传统社会日益成为研究的焦点。不同学科的众多学者围绕地方水利管理及其组织、治水国家和水利社会的争论、水利共同体、水利纠纷、用水规则与水利习俗、历史水权的形成与演变、水利社会概念与类型等方面开展研究，从政治、经济、社会、文化等多角度探讨水利及其互动关系，形成丰富的研究成果。❷

中国水利社会史研究在对国外理论吸收、反思的基础上，逐渐改变了以往侧重于国家治水、水利工程技术领域的研究路径，出现了从"治水社会"向"水利社会"的转换。当前的水利社会史研究，大多纳入国家与社会关系理论框架进行分析，不可否认该框架具有一定的解释力，但过于宽泛而缺乏明确的问题指向，进而难以通过逻辑推理提出具体的理论假说。此外，现有研究比较注重资料的发掘、整理，进而还原历史、呈现事实，但在此基

---

❶ 姚汉源. 中国水利史纲要. 北京：水利电力出版社，1987。

❷ 石峰."水利"的社会文化关联：学术史检阅. 贵州大学学报（社会科学版），2005，23（3）：48-53；张爱华."进村找庙"之外：水利社会史研究的勃兴. 史林，2008（5）：166-177；廖艳彬. 20 年来国内明清水利社会史研究回顾. 华北水利水电大学学报（社会科学版），2008（1）：13-16；晏雪平. 二十世纪八十年代以来中国水利史研究综述. 农业考古，2009（1）：187-200；王龙飞. 近十年来中国水利社会史研究述评. 华中师范大学研究生学报，2010，17（1）：121-126；森田明. 中国水利史研究的近况及新动向. 孙登州，张俊峰，译. 山西大学学报（哲学社会科学版），2011，34（3）：48-53；张俊峰. 二十年来中国水利社会史研究的新进展. 社会史研究，2012：163-187；张俊峰. 明清中国水利社会史研究的理论视野. 史学理论研究，2012（2）：97-107；管彦波. 理论与流派：社会史视野下的中国水利社会研究. 创新，2016，10（4）：5-12；张俊峰. 当前中国水利社会史研究的新视角与新问题. 史林，2019（4）：208-214；张俊峰. 中国水利社会史研究的空间、类型与趋势. 史学理论研究.2022（4）：135-145。

础上对现象背后内在规律的探讨尚显不足，如对水权、水利共同体等核心问题缺乏深入的理论分析。因此，本书尝试借鉴社会-生态系统框架，整合现有的水利社会类型研究，从而形成统一的水利社会分析框架，以突破国家与社会理论框架；深入分析历史水权、水利共同体治理等问题，为水利社会研究夯实理论基础。

1.2 文 献 综 述

1.2.1 文献回顾

对水利与传统中国社会关系的探讨，自然避不开魏特夫的《东方专制主义》。在该著作中魏特夫提出了著名的治水国家说，认为东方社会开凿运河、修建堤坝和兴修灌溉工程等大型治水活动需要大规模协作，就要求强有力的国家政权维系其运行，由此产生专制主义，并有自我强化的倾向。❶冀朝鼎的《中国历史上的基本经济区与水利事业的发展》出版于 1936 年，比《东方专制主义》要早 20 多年。该著作强调国家在大型水利工程建设中的重要作用，以基本经济区为核心概念，把中国古代水利建设的发展演变同经济中心转移密切联系起来，揭示基本经济区同中国历史上

---

❶ 魏特夫 A. 东方专制主义：对于集权力量的比较研究. 徐式谷，等译. 北京：中国社会科学出版社，1989。

王朝兴衰更替的重要关系。❶ 后续关于治水国家的研究较少，有代表性的是黄仁宇、王亚华和马泰成的研究。黄仁宇解释中国为什么两千多年前就走向大一统的命题时，重视自然地理因素，认为黄河水患治理是促使古代中国采取中央集权制的重要原因之一（另一个重要因素是抵御游牧民族的入侵）❷。王亚华指出，中国在文明早期，由于治水等跨区域公共事务供给面临高昂的合作成本，驱使国家治理利用纵向的行政控制代替横向的政治交易，以较高的管理成本为代价换取合作成本的节约，由此导致了大一统体制及其自我强化特性❸。马泰成将治水国家概念纳入阿西莫格鲁的新制度学派模型，发现中国政治与经济结构以宋朝为分界点，由地方分权转变为中央集权，主要影响因素是宋代科技进步所导致的水田稻作与治水，引发社会对中央集权的需求，而使政治权力朝向皇帝倾斜，这符合上层社会的政治理性与经济效率❹。

《东方专制主义》的影响力大，但其强烈的意识形态倾向使人质疑其学术严谨性，此前也有不少学者撰文对该书进行了批判。❺ 该书关于治水与专制国家的宏大分析框架，确实也让学术界重新思

❶　冀朝鼎. 中国历史上的基本经济区与水利事业的发展. 朱诗鳌，译. 北京：中国社会科学出版社，1981。

❷　黄仁宇. 中国大历史. 北京：生活·读书·新知三联书店，2007。

❸　王亚华. 治水与治国：治水派学说的新经济史学演绎. 清华大学学报（哲学社会科学版），2007（4）：117 - 129。

❹　马泰成. 中国水利社会下的政治理性与经济效率. 制度经济学研究，2017（3）：1 - 43。

❺　国内曾于 1990 年和 1994 年先后在北京与上海举行了两次专题研讨会，对魏特夫的《东方专制主义》进行了批判，具体见：王正. 如何理解"东方专制主义"："评《东方专制主义》课题组"专题讨论会观点综述. 史学理论研究，1992（2）：147 - 149；申汇. 评魏特夫《东方专制主义》研讨会述要. 中国史研究动态，1994（7）：16 - 19。一些学者发表了批驳论著，如：吴大琨. 驳卡尔·魏特夫的《东方专制主义》. 历史研究，1982（4）：27 - 36；李祖德，陈启能. 评魏特夫的《东方专制主义》. 北京：中国社会科学出版社，1997；等等。

考治水与国家、社会的关系。然而，对于"专制主义"这样具有意识形态色彩的词语，虽然书中作了大量的描述和阐释，仍让人感到模糊不清。因此，作者试图构建的关于东方专制主义的理论，其实是不太具备"可证伪性"这一科学本质特征的。相对而言，《中国历史上的基本经济区与水利事业的发展》中"基本经济区"这一概念则要清楚得多，使得关于水利和基本经济区关系的理论假说更具科学性。后续研究受魏特夫的启发，但注意到"专制主义"概念的模糊性，转而分析治水与中国中央集权制的关系，试图解答"中国为什么早在两千多年前就走向了大一统的中央集权制"这一历史之谜。其实，这也是在问，为什么中国那么早结束了封建社会，而西欧各国、日本等要距今几百年前才陆续成为中央集权形态的国家。目前来看，对于该历史命题的回答，"治水假说"不失为有吸引力的理论假说之一。黄仁宇和王亚华的文章从不同角度阐释这一假说；而马泰成的研究利用构建理论模型和数值仿真，通过中国宋代前后中央集权变化、北方与南方水利差异的精巧区分，初步验证了"治水假说"。

魏丕信不同意魏特夫将传统中国国家制度与水利管理问题直接联系起来的观点，通过对 16—19 世纪湖北水利的实证研究，认为国家政权除了管理各种各样的灌溉和水利防护工程之外，还有许多其他功能与作用，并分析朝廷、地方官府、士绅、民众在重大水利建设中扮演的角色，发现国家及其官僚体系不是水利问题的唯一因素。❶ 珀杜对明清时期洞庭湖水利史进行研究，探讨水利组织与国家之间的关系，发现官方通常并不独自从事大规模的工程，而是主要依靠地方士绅与土地所有者们的合作，而且在

❶　魏丕信. 水利基础设施管理中的国家干预：以中华帝国晚期的湖北省为例//陈锋. 明清以来长江流域社会发展史论. 武汉：武汉大学出版社，2006。

处理水利纠纷时地方组织更为有效，因此认为清代水利管理方面社会明显比国家更有力量。❶ 由此，珀杜响应魏丕信关于国家与水利关系的"水利周期论"，认同其"水利社会比水利国家重要"的观点。杜赞奇构建"权力的文化网络"这一分析工具，以19世纪河北省邢台地区的水利管理组织为典型案例，通过对当地水利组织——"闸会"及其相关祭祀体系的深度分析，探讨文化网络如何将国家权力与地方社会整合成一个权威体系，表明水利和地方社会的联系更加紧密。❷ 弗里德曼通过"宗族关系"把国家和村庄联系起来，对农业灌溉与宗族的关联进行了探讨，认为当地社会的水利活动是促成中国华南地区宗族组织发展的因素之一。❸ 巴博德通过对中国台湾两个村庄的田野考察，发现水利灌溉系统不一定促成宗族团结，而是要看灌溉的性质及其土地分布的具体情形；在依赖雨水和小规模灌溉的时期，冲突和合作较少，随着灌溉规模的扩大，冲突和合作也随之增多，于是就出现了跨地域的联合组织；并认为不同的灌溉模式能导致重要的社会文化适应和变迁。❹ 伊懋可以上海县为例，论述了明清时期水利系统在市镇发展过程中所扮演的重要角色。❺ 萧邦齐研究萧山湘湖自北宋以来的历史演变，详细阐述围绕湘湖而展开的地区社会变迁，以此来刻画传统中国社会的运作图景。❻

❶ 珀杜 C. 明清时期的洞庭湖水利. 历史地理，1986（1）：215－225。

❷ 杜赞奇. 文化权力与国家：1900—1942年的华北农村. 王福明，译. 南京：江苏人民出版社，1994。

❸ 弗里德曼. 中国东南的宗族组织. 刘晓春，译. 上海：上海人民出版社，2000。

❹ 转引自石峰. "水利"的社会文化关联：学术史检阅. 贵州大学学报（社会科学版），2005，23（3）：48－53。

❺ 伊懋可. 市镇与水道：1480—1910年的上海县//施坚雅. 中华帝国晚期的城市. 叶光亭，等译. 北京：中华书局，2000。

❻ 萧邦齐. 九个世纪的悲歌：湘湖地区社会变迁研究. 姜良芹，全先梅，译. 北京：社会科学文献出版社，2008。

日本学界对中国水利史的研究起步较早，其薪火相传、成果迭现为汉学界称道。❶ 研究最初是围绕魏特夫的东方专制主义而展开，为所谓的"东洋社会停滞论"提供了基础，之后引发争议和反思。❷ 20世纪50年代起，一批日本学者开始将中国的水利现象以"水利共同体"这一概念提出，并在《历史学研究》期刊上发表了系列文章。丰岛静英将以水利设施的共同所有为基础的共同体称作"水利共同体"，是以这种"地-夫-钱-水"相结合的模式组织起来，并认为中国明清时期的水利共同体就是一种以个人所有为基础的日耳曼共同体。❸ 丰岛静英的文章引发了热烈争论。江原正昭认为，建造与管理水利设施并进行用水分配的团体有别于水利共同体，如果未经充分论证就直接类比不太合适。❹ 宫坂宏通过中日水利组织与村落关系的比较，认为中国华北水利团体脱嵌于村落，实际上是镰户出于共同利益而组成的功能性结社，称不上所谓的水利共同体。❺ 好并隆司（好並隆司）与宫坂宏的观点不同，认为水利组织与村落共同体是难以分离的，使用同一水系的用水户以村为单位成立了水利组织。❻ 前田胜太郎（前田勝太郎）认为华北水利团体是与村落有着紧密联系的水

❶ 行龙. 从"治水社会"到"水利社会", 读书. 2005（8）：55 - 62。

❷ 森田明. 中国水利史研究的近况及新动向. 孙登州, 张俊峰, 译校. 山西大学学报（哲学社会科学版），2011，34（3）：87 - 91。

❸ 丰岛静英. 中国西北部における水利共同体について. 歴史学研究，第201号，1956：24 - 35。

❹ 江原正昭. 中国西北部の水利共同体に関する疑点. 歴史学研究，第237号，1960：48 - 50。

❺ 宫坂宏. 華北における水利共同体の実態：中国農村慣行調査第6巻水編を中心として-上. 歴史学研究，第240号，1960：16 - 24；宫坂宏. 華北における水利共同体の実態：中国農村慣行調査第6巻水編を中心として-下. 歴史学研究，第241号，1960：23 - 29。

❻ 好並隆司. 水利共同体に於ける"鎌"の歴史的意義：宮坂論文についての疑問. 歴史学研究，第244号，1960：35 - 39。

利共同体，不是宫坂宏所说的由镰户集合而成的利益团体。❶ 森田明、今堀诚二、石田浩等持肯定观点，认为应该将水利组织作为共同体进行把握。❷ 森田明回顾了水利共同体的相关讨论，概括明清水利组织的共同体特征，并分析水利共同体解体的主要原因。❸ 随着研究的深入开展，研究者通过考察水利兴修与管理、水利组织特性、水权分配、水利组织与村落、水利组织与国家权力的关系等，来认识中国传统社会。长濑守的《宋元水利史研究》是其 20 余年发表论文的汇编，论述了宋元水利机构和农田水利技术状况、中原及江南的水利工程等，提出"水田社会"的概念，认为以水稻种植为生产基础，通过水稻种植，实现政治、经济、社会、文化领域的联动，形成一个有机的连带区域；因此从中就可以发现具有各种各样的传统价值体系，由于水的关联，又具有类似性、共通性的社会存在。❹ 滨岛敦俊对明代江南地区水利设施状况、类型、日常维护制度、维修经费等方面进行了探讨，并分析水利兴修与基层组织的关系及其演变历程。❺ 森田明探讨不同地域水利设施的兴废、不同社会阶层对水利问题的态度和举措以及水利与地方社会关系等，即"围绕水利而形成之地域社会的各种问题，与政治、社会、经济等发生关联，从而

---

❶ 前田勝太郎. 旧中国における水利団体の共同体的性格について：宫坂・好並両氏の論文への疑問. 歴史学研究，第 271 号，1962：50 - 54。

❷ 森田明. 福建省における水利共同体について. 歴史学研究，第 261 号，1962：19 - 28；今堀诚二. 清代の水利団体と政治権力. アジア研究，第 10 号，1963：1 - 22；石田浩. 華北における"水利共同体"論争の一整理. 農林業問題研究，第 54 号，1979：34 - 40。

❸ 森田明. 明清時代の水利団体：その共同体的性格について. 歴史教育，第 9 号，1965：32 - 37；森田明. 清代水利史研究. 亜紀書房，1974.

❹ 長濑守. 宋元水利史研究. 国書刊行会，1983。

❺ 滨岛敦俊. 明代江南農村社会の研究第一部. 東京：東京大学出版会，1982。

作所谓水利社会之历史的探讨"，并认为"水利灌溉、治水等事业无法单独实施，它们必须与历史的自然环境、社会经济方面的各种问题密切配合方能进行，透过中国水利史之个别研究，方才有可能将各时代的政治、社会、经济等各层面或中国社会之历史的特质加以阐明"。❶ 本田治对余杭南湖开展个案研究，探讨宋代南湖的水利功能以及水利组织的构成。❷ 斯波义信深入研究宋代江南的水利组织及其诸关系，并与区域经济社会发展联系起来。❸ 小野泰重从政治、经济、人口等角度探讨宋代水利社会问题，并分析乡党组织及其领导者在治水中的作用。❹

国内较早开展水利社会方面研究的是台湾学者，谢继昌在《水利与社会文化之适应——蓝城村的例子》一文中，从水利与宗教、水利与武馆、水利与政治三方面探讨了社会文化对水利发展之适应问题。❺ 20 世纪 80 年代以来，随着经济史与社会史研究的勃兴，越来越多的学者开始关注水利社会史研究，通过水利透视其背后的中国传统社会。郑振满考察明清时期福建沿海的农田水利制度，并探讨与此相关的农村社会组织。❻ 熊元斌分析清代浙江地区水利纠纷形式、特征及解决措施，探讨官绅在调解纠

---

❶　森田明. 清代水利社会史の研究. 国書刊行会，1990，该书繁体中文版于 1996 年由台湾编译馆出版；森田明. 清代の水利と地域社会. 日本福冈中国书店，2002，该书简体中文版于 2008 年由山东画报出版社出版。

❷　本田治. 宋代杭州及び后背地の水利と水利组织//梅原郁. 中国近世の城市と文化. 京都大学人文科学研究所，1984。

❸　斯波义信. 宋代江南经济史研究. 方健，何忠礼，译. 南京：江苏人民出版社，2000。

❹　小野泰. 宋代の水利政策と地域社会. 汲古书院，2011。

❺　谢继昌. 水利与社会文化之适应：蓝城村的例子. 民族学研究所集刊，1973（36）：19-73；石峰. "水利"的社会文化关联：学术史检阅. 贵州大学学报（社科版），2005，23（3）：48-53。

❻　郑振满. 明清福建沿海农田水利制度与乡族组织. 中国社会经济史研究，1987（4）：38-45。

纷、管理水利中的作用，还对清代江浙地区农田水利的经营和管理进行了研究。❶ 彭雨新、张建民考察明清时期长江流域各地农业水利，并探讨与之相关的社会结构、经济联系。❷ 吴滔对明清江南地区乡圩组织体系变迁进行了考察，分析这种圩田水利组织在乡村基层社会中的作用。❸ 成岳冲探讨了宋元时期宁波水利共同体的演变历程。❹ 萧正洪较早关注区域水权问题，分析清代关中地区的水利纠纷和水权关系，认为关中地区水利纠纷是水权不明晰所致；探讨传统社会关中地区农民灌溉用水高效利用的关键因素，并分析水利共同体的基本规则。❺ 行龙考察明清以来山西水资源匮乏及由此引发的水案，并揭示其中蕴含的社会内容。❻ 王建革探讨釜阳河上游和天津地区农田灌溉水利的形态及其与社会的关系；通过清末河套地区的研究，提出水利制度必须与地方社会相适应。❼ 董晓萍在田野调查的基础上，分析当地民间社火与水资源管理关系，并探讨该风俗对地方用

---

❶　熊元斌．清代浙江地区水利纠纷及其解决的办法．中国农史，1988（3）：49-59；熊元斌．清代江浙地区农田水利的经营和管理．中国农史，1993（1）：84-92。

❷　彭雨新，张建民．明清长江流域农业水利研究．武汉：武汉大学出版社，1992。

❸　吴滔．明清江南地区的"乡圩"．中国农史，1995（3）：54-61。

❹　成岳冲．浅论宋元时期宁波水利共同体的褪色与回流．中国农史，1997（1）：10-14。

❺　萧正洪．历史时期关中地区农田灌溉中的水权问题．中国经济史研究，1999（1）：48-66；萧正洪．传统农民与环境理性：以黄土高原地区传统农民与环境之间的关系为例．陕西师范大学学报，2000（4）：83-91。

❻　行龙．明清以来山西水资源匮乏及水案初步研究．科学技术与辩证法，2000（6）：31-34．

❼　王建革．河北平原水利与社会分析（1368—1949）．中国农史，2000（2）：55-65；王建革．清末河套地区的水利制度与社会适应．近代史研究，2001（6）：127-152。

水的象征性管理作用。❶

近年来，水利社会史研究在国内蓬勃发展。2003 年出版的《陕山地区水资源与民间社会调查资料集》，在国内外学界产生了广泛而深远的影响。❷ 2004、2005 年，王铭铭和行龙先后发表了《"水利社会"的类型》和《从"治水社会"到"水利社会"》，积极倡导开展水利社会史研究，关注水利与社会之间丰富的关联。❸ 众多学者对水利社会史的理论问题进行探讨，其中历史水权、水利共同体、水利社会类型研究等是关注的焦点。赵世瑜的研究指出，发生在山西汾河流域的若干"分水"传说是一种争夺地方水资源使用权的象征资源。❹ 张小军通过历史上山西洪山泉的水权个案研究，从实质论的产权和资本体系的视角指出"复合产权"可以视为经济产权、文化产权、社会产权、政治产权和象征产权的复合体。❺ 张俊峰对山西滦池泉域历史水权的个案研究表明，前近代华北乡村社会围绕水权形成的社会舆论、道德观念和日常惯习，具有非正式地界定和保障村庄水权的功能。❻❼ 韩

❶ 董晓萍. 陕西泾阳社火与民间水管理关系的调查报告. 北京师范大学学报，2001（6）：52-60。

❷ 《陕山地区水资源与民间社会调查资料集》共包括 4 部专集：白尔恒等编著《沟洫佚闻杂录》、秦建明等编著《尧山圣母庙与神社》、黄竹三等编著《洪洞介休水利碑刻辑录》、董晓萍等编著《不灌而治——山西四社五村水利文献与民俗》，中华书局，2003。

❸ 王铭铭. "水利社会"的类型. 读书，2004（11）：18-23；行龙. 从"治水社会"到"水利社会". 读书，2005（8）：55-62。

❹ 赵世瑜. 分水之争：公共资源与乡土社会的权力和象征：以明清山西汾水流域的若干案例为中心. 中国社会科学，2005（2）：189-203。

❺ 张小军. 复合产权：一个实质论和资本体系的视角：山西介休洪山泉的历史水权个案研究. 社会学研究，2007（4）：23-50。

❻ 张俊峰. 前近代华北乡村社会水权的形成及其特点：山西"滦池"的历史水权个案研究. 中国历史地理论丛，2008（4）：117-122。

❼ 张俊峰. 前近代华北乡村社会水权的表达与实践：山西"滦池"的历史水权个案研究. 清华大学学报（哲学社会科学版），2008（4）：35-45。

茂莉、王荣和郭勇、许博、廖艳彬、刘诗古、马琦、周亚、陈国威、田宓、项露林和张锦鹏、潘洁和陈朝辉等学者也开展了历史水权问题研究。❶ 行龙考察晋水灌溉区 36 村水神祭祀系统，认为在不同水神崇拜和水利祭祀活动的背后，蕴涵着不同水利共同体的现实利益。❷ 钞晓鸿通过对清代关中水利的研究．提出地权集中与否并非水利共同体解体的根本原因。❸ 钱杭分析了萧山湘湖的"均包湖米"制度，认为它是湘湖水利共同体最基本的制度。❹谢湜、鲁西奇、李晓方和陈涛、何彦超和惠富平等学者对水利共同体也有相关研究。❺研究者主张在类型学视野下开展中国水利社

❶　韩茂莉．近代山陕地区地理环境与水权保障系统．近代史研究，2006（1）：44-58；王荣，郭勇．清代水权纠纷解决机制：模式与选择．甘肃社会科学，2007（5）：99-103；许博．塑造河名构建水权：以清代"石羊河"名为中心的考察．中国历史地理论丛，2013（1）：117-126；廖艳彬．创建权之争：水利纠纷与地方社会：基于清代鄱阳湖流域的考察．南昌大学学报（人文社科版），2014（5）：105-110；刘诗古．明末以降鄱阳湖地区"水面权"之分化与转让：以"卖湖契"和"租湖字"为中心．清史研究，2015（3）：66-79；马琦．明清时期滇池流域的水利纠纷与社会治理．思想战线，2016（3）：133-140；周亚．明清以来晋南龙祠泉域的水权变革．史学月刊，2016（9）：89-98；陈国威．清代雷州的水权问题探析：源于雷州一块清代水利碑刻．农业考古，2017（4）：132-136；田宓．"水权"的生成：以归化城土默特大青山沟水为例．中国经济史研究，2019（2）：111-123；项露林，张锦鹏．从"水域权"到"地权"：产权视阈下"湖域社会"的历史转型：以明代两湖平原为中心．河南社会科学，2019（4）：119-124；潘洁，陈朝辉．西夏水权及其渊源考．宁夏社会科学，2020（1）：187-190。
❷　行龙．晋水流域36村水利祭祀系统个案研究．史林，2005（4）：1-10。
❸　钞晓鸿．灌溉、环境与水利共同体：基于清代关中中部的分析．中国社会科学，2006（4）：190-204。
❹　钱杭．"均包湖米"：湘湖水利共同体的制度基础．浙江社会科学，2004（6）：163-169；钱杭．共同体理论视野下的湘湖水利集团：兼论"库域型"水利社会．中国社会科学，2008（2）：167-185。
❺　谢湜．"利及邻封"：明清豫北的灌溉水利开发和县际关系．清史研究，2007（2）：12-27；鲁西奇．明清时期江汉平原的围垸：从"水利工程"到"水利共同体"//张建民，鲁西奇．历史时期长江中游地区人类活动与环境变迁专题研究．武汉：武汉大学出版社，2011：348-439；李晓方，陈涛．明清时期萧绍平原的水利协作与纠纷：以三江闸议修争端为中心．史林，2019（2）：88-99；何彦超，惠富平．官民合办：明清时期莆田地区农田水利管理模式．西北农林科技大学学报（社会科学版）2019，19（5）：140-147。

会史研究。王铭铭提出水利社会的概念，认为应开展丰水型、缺水型和水运型的水利社会研究。❶ 就北方区域而言，行龙、张俊峰提出泉域社会、流域社会、湖域社会、洪灌社会四种水利社会类型，并对泉域社会、洪灌社会开展了深入研究。❷ 董晓萍等提出以"不灌而治"为特征的节水型水利社会。❸ 潘威对新疆锡伯营旗屯水利社会和甘肃河西走廊的坝区社会开展了研究。❹ 杜静元将内蒙古河套水利社会称为河域型水利社会。❺ 南方区域有代表性的是钱杭提出的萧山湘湖库域型水利社会，以及鲁西奇提出的江汉平原圩垸型水利社会。❻ 廖艳彬对江西泰和县槎滩陂所在区域开展研究，提出陂域型水利社会。❼ 此外，徐斌、刘诗古、

---

❶ 王铭铭."水利社会"的类型.读书，2004（11）：18－23。

❷ 行龙."水利社会史"探源：兼论以水为中心的山西社会.山西大学学报（哲学社会科学版），2008，31（1）：33－38；张俊峰.水利社会的类型：明清以来洪洞水利与乡村社会变迁.北京：北京大学出版社，2012；张俊峰.介休水案与地方社会：对泉域社会的一项类型学分析.史林，2005（3）：102－110；张俊峰.明清时期介休水案与"泉域社会"分析.中国社会经济史研究，2006（1）：9－18；张俊峰.超越村庄："泉域社会"在中国研究中的意义.学术研究，2013（7）：104－111；张俊峰.泉域社会：对明清山西环境史的一种解读.北京：商务印书馆，2018；张俊峰.不确定性的世界：一个洪灌型水利社会的诉讼与秩序：基于明清以来晋南三村的观察.近代史研究，2023（1）：31－48。

❸ 董晓萍，蓝克利.不灌而治：山西四社五村水利文献与民俗.北京：中华书局，2003。

❹ 潘威.清代民国时期伊犁锡伯旗屯水利社会的形成与瓦解.西域研究，2020（3）：94－105；潘威.清前中期伊犁锡伯营水利营建与旗屯社会.西北民族论丛，2020（1）：111－130；潘威，刘迪.民国时期甘肃民勤传统水利秩序的瓦解与"恢复".中国历史地理论丛，2021，36（1）：39－45。

❺ 杜静元.组织、制度与关系：河套水利社会形成的内在机制：兼论水利社会的一种类型.西北民族研究，2019（1）：193－203。

❻ 钱杭.库域型水利社会研究.上海：上海人民出版社，2009；鲁西奇."水利社会"的形成：以明清时期江汉平原的围垸为中心.中国经济史研究，2013（2）：22－139。

❼ 廖艳彬.陂域型水利社会研究：基于江西泰和县槎滩陂水利系统的社会史考察.北京：商务印书馆，2017。

梁洪生等人开展的水域社会、湖域社会研究，❶ 冯贤亮、谢湜等人的明清江南水利社会研究，❷ 田宓的黄河河套万家沟小流域社会研究，❸ 吴媛媛开展的徽州"堨坝"水利社会研究等，取得了丰硕的成果。❹

1.2.2　研究述评

总的来看，目前关于水利社会的研究成果已经比较丰富，但在理论分析和现象解释方面还有继续深化的空间，主要表现在：当前水利社会史研究中运用的国家与社会关系理论框架，缺乏明确的问题意识，难以通过逻辑推理形成理论假说。而且，对于试图厘清事实、探寻事物发展规律的社会科学而言，"干预""控制""反抗""博弈"等表述，确实能在一定程度上阐释行为人的动机和意图，有助于逻辑推导和理论演绎，但更需进一步明确提出可验证的假说，否则只是徒增理论的模糊性而别无他益。类型学视野下开展的水利社会研究，强调水资源特点或利用方

---

❶ 徐斌．以水为本位：对"土地史观"的反思与"新水域史"的提出．武汉大学学报（人文科学版），2017，70（1）：122－128；刘诗古．资源、产权与秩序：明清鄱阳湖区的渔课制度与水域社会．北京：社会科学文献出版社，2018；梁洪生．捕捞权的争夺："私业""官河"与"习惯"：对鄱阳湖区渔民历史文书的解读．清华大学学报（哲学社会科学报），2008，23（5）：48－60；项露林，张锦鹏．从"水域权"到"地权"：产权视阈下"湖域社会"的历史转型：以明代两湖平原为中心．河南社会科学，2019（4）：119－124。

❷ 冯贤亮．近世浙西的环境、水利与社会．北京：中国社会科学出版，2010；谢湜．高乡与低乡：11—16世纪江南区域历史地理研究．北京：生活·读书·新知三联书店，2015。

❸ 田宓．水利秩序与蒙旗社会：以清代以来黄河河套万家沟小流域变迁史为例．中国历史地理论丛，2021，36（1）：31－38。

❹ 吴媛媛．明清时期徽州民间水利组织与地域社会：以歙县西乡昌堨、吕堨为例．安徽大学学报（哲学社会科学版），2013（2）：104－111。

式的差异性和独特性，对于深入认识水利社会的多样性和复杂性是可取的，也产生了一些代表性的分析框架，如库域型水利社会、泉域型水利社会等。但是，当前研究对各种水利社会类型的解读缺乏统一的理论分析框架，不利于揭示水利社会蕴含的共性规律。

水利共同体可视为概念，还未能形成理论，我们尚无法从中推出假说以供验证。水利社会相对于水利共同体仅是研究范畴的拓展，在理论层面并不构成所谓的"超越"。水利共同体需要从纠结于"是否存在水利共同体"等问题中摆脱出来，分清楚"是什么"和"为什么"，在事实中寻找真正的科学问题并加以解答。如聚焦如何面对"公共水资源使用的集体行动问题"，探讨历史时期乡村水利社会的治理成效及其关键因素。历史水权研究关注水案、水权争端的呈现、还原，往往是就事论事，缺乏理论层面的挖掘；也有产权理论本土化的尝试，但总体来看对于产权理论理解不够深入或存在认识误区。

因此，本书尝试借鉴社会-生态系统框架，整合现有的水利社会类型研究，从而形成统一的水利社会理论分析框架；探究历史时期水权纠纷及水权界定、实施、保护、水权交易等，为传统乡村围绕水权问题的诸多社会现象提供理论解释；聚焦公共水资源使用面临的集体行动问题，探讨传统乡村水利社会的治理成效及关键因素；开展地方水利社会综合研究，考察相关的社会、经济、政治背景和生态环境系统下，传统乡村社会围绕水资源开发利用形成的社会组织、制度安排、文化现象及社会发展变迁。

1.3 本书主要内容

本书借鉴社会－生态系统理论框架整合水利社会类型研究，构建水利社会分析框架，为阐释以水为中心的区域社会关系提供基本分析工具；对水利社会研究中的历史水权、水利共同体等核心理论问题进行探讨，并进行实证分析；在此基础上，对典型区域水利社会开展综合研究，考察传统乡村社会围绕水资源开发利用的乡村社会关系的形成、发展与变迁；最后是本书的结论和展望。根据研究的整体思路，本书共分为6章，具体如下：

第1章，绪论。本章重点阐述选题缘由，系统梳理已有的相关研究，提出研究思路和内容结构，说明研究中所使用的主要方法。

第2章，社会－生态系统视野下的水利社会分析框架研究。本章在评析现有水利社会类型研究的基础上，借鉴社会－生态系统框架，构建以资源系统、资源单位、治理系统和行动者为核心子系统的水利社会分析框架，考察社会、经济和政治背景和外部关联生态系统下的人水互动关系。

第3章，乡村社会历史水权研究。本章从理论层面厘清现有历史水权研究中存在的误区，运用现代产权理论对明清时期水权纠纷频繁现象进行解释，进而阐释乡村社会如何进行水权界定、实施和保护，并对水权交易案例进行分析。

第4章，乡村水利共同体治理研究。本章重新审视水利共同体概念，在回顾已有研究的基础上，聚焦公共水资源使用面临的集体行动问题，借鉴社会-生态系统分析框架，探讨历史时期乡村水利共同体的治理成效及其关键因素。

第5章，地方水利与社会变迁研究——以丽水通济堰为例。本章在前文研究的基础上，以丽水通济堰灌区为案例，开展区域水利社会综合研究，考察相关的社会、经济、政治背景和生态环境系统下，传统乡村社会围绕水资源开发利用形成的社会组织、制度安排和文化现象等及社会发展变迁。

第6章，研究结论与展望。本章总结本书的主要研究结论，并提出未来的研究展望。

1.4 研 究 方 法

本书构建水利社会分析框架，对历史水权、水利共同体、水利社会等进行探讨，为传统乡村围绕水利有关的社会现象提供理论解释。研究中主要采用文献分析法、田野调查法、案例分析法等，具体如下。

1. 文献分析法

对国内外的相关文献进行梳理、研读，保证本研究在立意、理论与方法上始终处于前沿；充分搜集、挖掘和分析所选个案研究区域已有的相关历史文献资料，为案例研究奠定扎实基础。再者，通过文献研究，初步构建水利社会分析框架，理论探讨水利共同体和历史水权问题。

2. 田野调查法

对浙江萧山湘湖、宁波东钱湖和丽水通济堰所在区域,以田野调查的方法从事直接观察和访谈,以此获得关于乡村水利和社会变迁的口述资料和地方文史资料,弥补历史文献的不足。

3. 案例分析法

在水利共同体治理问题研究中,选取浙江萧山湘湖、宁波东钱湖所在区域等作为典型个案,探讨影响乡村水利社会治理成效的关键因素。在历史水权问题研究中,选取山西汾河流域、甘肃河西黑河流域、陕西关中地区等作为个案,探讨水权纠纷的产生原因;以山西"四社五村"地区、介休洪山泉域、翼城滦池泉域,浙江萧山湘湖灌区、丽水芳溪堰灌区为典型案例,分析乡村社会如何进行水权界定、实施和保护;选取明清时期山西水利社会、甘肃河西走廊、内蒙古土默特地区的水权交易案例,分析水权交易的形式、特点,并探究水权交易的原因。以浙江丽水通济堰灌区为典型案例开展综合研究,分析围绕水资源开发利用的乡村社会关系的形成、发展与变迁。

第 2 章

社会－生态系统视野下的水利社会分析框架研究

2.1 引　言

中国水利社会研究源于对魏特夫治水学说的质疑和反思。法国史学家魏丕信在对 16—19 世纪湖北省水利的研究中，不同意魏特夫将中国国家的结构、功能及意识形态与水利管理问题直接联系起来的观点，认为"水利社会"比"水利国家"要更为重要。❶ 美国史学家珀杜对明清时期洞庭湖水利的研究发现，在水利管理方面，社会明显比国家更有力量。❷ 杜赞奇运用"权力的文化网络"这一分析工具，以 19 世纪河北省邢台地区水利管理组织为典型案例，论述文化网络是如何将国家政权与地方社会融合进一个权威系统的，表明水利更多的是与地方社会紧密联系在一起的。❸

王铭铭较早提出"水利社会"概念，指出水利社会是以水利为中心延伸出来的区域性社会关系体系。❹ 行龙将水利社会分为流域社会、泉域社会、洪灌社会和湖域社会四种类型，初步构建水利社会史的研究框架。❺ 董晓萍等通过山西"四社五村"的案

---

❶　魏丕信. 水利基础设施管理中的国家干预：以中华帝国晚期的湖北省为例//陈锋. 明清以来长江流域社会发展史论. 武汉：武汉大学出版社，2006。

❷　珀杜 C. 明清时期的洞庭湖水利. 历史地理，1982（4）：215 - 225。

❸　杜赞奇. 文化权力与国家：1900—1942 年的华北农村. 王福明，译. 南京：江苏人民出版社，1994。

❹　王铭铭. "水利社会"的类型. 读书，2004（11）：18 - 23。

❺　行龙，"水利社会史"探源：兼论以水为中心的山西社会. 山西大学学报（哲学社会科学版），2008（1）：33 - 38。

第2章　社会－生态系统视野下的水利社会分析框架研究

例研究，提出节水型水利社会。❶ 钱杭阐述了库域型水利社会的概念，并以浙江萧山湘湖为例，探讨总结库域型水利社会的形成过程、水权制度、利益结构、意识形态等。❷ 鲁西奇分析了江汉平原的堤垸型水利社会，指出水利在当地生产中的至关重要性、适时适当的国家介入以及相对有力的社会力量等三方面是形成水利社会的必备条件。❸ 石峰对黔中屯堡乡村水利社会开展个案研究，提出了无纠纷型水利社会。❹ 廖艳彬考察南唐以来江西泰和县槎滩陂水利系统的兴建运营及其与地方社会互动的历史过程，探讨该区域陂域型水利社会的类型及其发展模式。❺ 张俊峰提出泉域社会的概念，并将山西泉域型水利社会的特征归纳为：悠久的水利开发史、以水为中心的水利型经济、在官方和民众意识形态中具有崇高地位的水神信仰、对水权的争夺长期成为地方社会最具影响力的事件、在特定地域范围内具有相同的水利民俗、用水心理与行事准则；通过明清以来晋南三村水资源开发利用的观察，明清以来洪灌型水利社会最为突出的特征是自然与社会的双重不确定性。❻ 杜静元通过河套地区水利开发和移民社会形成关系的研究，提出了河域型水利社会，并指出组织、制度和关系是理

❶ 董晓萍，蓝克利. 不灌而治：山西四社五村水利文献与民俗. 北京：中华书局，2003。

❷ 钱杭. 库域型水利社会研究. 上海：上海人民出版社，2009。

❸ 鲁西奇. "水利社会"的形成：以明清时期江汉平原的围垸为中心. 中国经济史研究，2013（2）：22-139。

❹ 石峰. 无纠纷之"水利社会"：黔中鲍屯的案例. 思想战线，2013（1）：42-45。

❺ 廖艳彬. 陂域型水利社会研究：基于江西泰和县槎滩陂水利系统的社会史考察. 北京：商务印书馆，2017。

❻ 张俊峰. 泉域社会：对明清山西环境史的一种解读. 北京：商务印书馆，2018；张俊峰. 不确定性的世界：一个洪灌型水利社会的诉讼与秩序：基于明清以来晋南三村的观察. 近代史研究，2023（1）：31-48。

解河域型水利社会形成机制的三个核心逻辑。❶ 潘威在清代民国时期新疆伊犁旗屯的研究中，探讨锡伯旗屯水利社会的运作方式。❷ 徐斌、刘诗古、梁洪生等的水域社会、湖域社会研究，冯贤亮、谢湜等的明清江南水利社会研究，田宓的黄河河套万家沟小流域社会研究，吴媛媛的徽州"堨坝"水利社会研究等，也取得了一系列重要成果。❸

　　"水利社会"概念的提出，是为了以水为切入点观察中国社会。从理论构建需要基本概念的清晰表述来判断，对于"水利社会"概念的定义，王铭铭的"以水利为中心延伸出来的区域性社会关系体系"和鲁西奇的"主要围绕水利关系及其衍生出来的社会关系而构建的地方社会"较可接受，而所谓的"水域社会"则是不同的概念。类型学视野下开展的水利社会类型研究，强调水资源特点或利用方式的差异性和独特性，对于深入认识水利社会的多样性和复杂性是可取的，也提炼出诸如山西泉域社会、浙江萧山库域社会、湖北圩垸社会、新疆旗屯水利社会、内蒙古河套

---

❶　杜静元. 组织、制度与关系：河套水利社会形成的内在机制：兼论水利社会的一种类型. 西北民族研究，2019（1）：193-203。

❷　潘威. 清代民国时期伊犁锡伯旗屯水利社会的形成与瓦解. 西域研究，2020（3）：94-105。

❸　徐斌. 以水为本位：对"土地史观"的反思与"新水域史"的提出. 武汉大学学报（人文科学版），2017，70（1）：122-128；刘诗古. 资源、产权与秩序：明清鄱阳湖区的渔课制度与水域社会. 北京：社会科学文献出版社，2018；梁洪生. 捕捞权的争夺："私业""官河"与"习惯"：对鄱阳湖区渔民历史文书的解读. 清华大学学报（哲学社会科学报），2008，23（5）：48-60；项露林，张锦鹏. 从"水域权"到"地权"：产权视阈下"湖域社会"的历史转型：以明代两湖平原为中心. 河南社会科学，2019（4）：119-124；冯贤亮. 近世浙西的环境、水利与社会. 北京：中国社会科学出版社，2010；谢湜. 高乡与低乡：11—16世纪江南区域历史地理研究. 北京：生活·读书·新知三联书店，2015；田宓. 水利秩序与蒙旗社会：以清代以来黄河河套万家沟小流域变迁史为例. 中国历史地理论丛，2021，36（1）：31-38；吴媛媛. 明清时期徽州民间水利组织与地域社会：以歙县西乡昌堨、吕堨为例. 安徽大学学报（哲学社会科学版），2013（2）：104-111。

地区河域社会、河西走廊坝区社会以及江西、安徽以陂塘、堨坝为代表的山区水利社会等不同水利社会类型。但是，当前研究对各种水利社会类型的解读缺乏统一的理论分析框架，不利于揭示水利社会蕴含的共性规律。实际上，学界可能尚未厘清现象、规律以及概念、理论等之间的联系和区别。目前的研究注重资料的发掘、整理和利用，研究重点主要停留在现象的描述上，并在此基础上进行概念的阐释并试图探寻现象背后的规律。然而，近来的研究始终未能在规律找寻上有所突破，也无法形成对现象进行抽象解释的理论。至于一些学者所期望的"提炼本土化理论"，目前看来可能还仅仅是一种美好的愿望。鉴于当前水利社会史实证研究成果已比较丰富，学界应避免停留于历史素材的发掘、整理上，而是强化问题意识，直面水利社会研究领域中的种种现象提出科学问题。因此，下文拟整合当前水利社会类型研究，借鉴社会－生态系统框架，提出水利社会分析框架，考察社会、经济和政治背景和外部关联生态系统下的人水互动关系，以探究由此延伸的乡村社会关系的形成、发展与变迁。

2.2　社会-生态系统框架

公共事物的治理难题，一直以来困扰着人类社会，中外先贤如亚里士多德、孟子、卢梭对此皆有洞察。❶ 经济学领域对此问

---

❶ 亚里士多德. 政治学. 吴寿彭, 译. 北京：商务印书馆, 1965；杨伯峻. 孟子译注. 北京：中华书局, 2010；卢梭. 论人类不平等的起源和基础. 李常山, 译. 北京：商务印书馆, 1962。

题的系统性研究，始于 20 世纪 50 年代。萨缪尔森等指出，公共物品常常要求集体行动。❶ 戈登（Gordon）构建了一个渔场静态模型，阐述公共自然资源被过度使用的原因。❷ 1965 年，奥尔森出版《集体行动的逻辑》，认为如若条件允许或者不抑制搭便车行为，将没有人会自动促成规模较大的集团利益的实现，指出集体行动问题的根源在于公共产品的非排他性、高昂的组织成本以及个人利益最大化，并主张通过强制和选择性激励两类办法破解上述难题。❸ 1968 年，哈丁（Hardin）发表《公地的悲剧》之后，"公地悲剧"概念模型似乎成为评估自然资源议题的主导范式。❹ 此后，自然资源的治理问题一直是学界讨论的热点。针对集体行动的困境导致的"公地悲剧"问题，学界形成了"政府规制理论"和"市场治理理论"，提出政府管制的"国有化"以及产权界定的"私有化"治理模式。奥斯特罗姆对"公地悲剧"模型提出了质疑，应用制度分析和经验分析方法，通过对数千个公共池塘资源治理案例的实证考察，专注于分析不同制度安排将如何增进或阻碍个体之间的合作机制，并探索政府和市场之外治理模式的可能性，提出了自主治理理论。❺ 奥斯特罗姆探讨影响个人策略选择的综合变量，深入分析集体行动情境自主治理的制度

---

❶　萨缪尔森 A，诺德豪斯 D. 经济学. 高鸿业，等译. 北京：中国发展出版社，1992。

❷　Gordon H S. The economic theory of a common-property resource：The fishery. Journal of Political Economy，1954，62（2）：124 - 142。

❸　奥尔森. 集体行动的逻辑. 陈郁，郭宇峰，李崇新，译. 上海：格致出版社，上海三联书店，上海人民出版社，2014。

❹　Hardin G. The tragedy of the commons. Science，1968，162（3859）：1243 - 1248；Bromley D W，Cernea M M. The management of common property natural resources：Some conceptual and operational fallacies. World Bank Discussion Paper，1989。

❺　奥斯特罗姆. 公共事物的治理之道：集体行动制度的演进. 余逊达，陈旭东，译. 上海：上海译文出版社，2012.

供给、可信承诺和相互监督等三大难题，并提出长期存续的公共池塘资源治理制度的 8 项设计原则，包括清晰界定边界、占有和供给的规则与当地条件保持一致、集体选择安排、监督、分级制裁、冲突解决机制、对组织权的最低限度的认可和嵌套式的层级结构。❶ 随着研究的不断深入，奥斯特罗姆（Ostrom）及其团队收集和分析大量灌溉、渔业、森林、草场等自然资源管理的案例，认识到公共资源治理问题的关键在于正确理解生态系统和社会系统的多元互动和复杂结果。基于此，奥斯特罗姆提出社会-生态系统框架，为人们分析和解决公共资源的可持续管理提供了一个全新的理论分析工具。❷

社会-生态系统框架最初是应用于公共池塘资源管理情境而设计的，在此情况下，资源用户从资源系统中提取资源单位，在相关生态系统和社会-政治-经济环境中，通过治理系统确定的规则和程序来维护该系统。❸ 后经拓展和发展，可应用于分析一般的公共资源。社会-生态系统框架是由多个层级变量所组成的一般性分析框架，如图 2.1 所示。❸ 在该框架内，资源系统、资源单位、治理系统、行动者共同影响着在一个特定行动情境中的互动过程和结果，上述变量又嵌入于相关生态系统和经济、社会、政治背景中并受其影响。资源系统是指某一尺度下的资源系统，如灌溉系统、渔场、森林、草场等，资源单位是指属于资源系统的

---

❶ Ostrom E. Governing the Commons：The Evolution of Institutions for Collective Action. Cambridge University Press，1990。

❷ Ostrom E. A general framework for analyzing sustainability of social-ecological systems. Science，2009，325（5939）：419 - 422。

❸ McGinnis D, Ostrom E. Social-ecological system framework：Initial changes and continuing challenges. Ecology and Society，2014，19（2）：30 - 41。

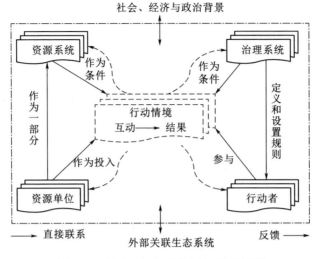

图 2.1　社会-生态系统框架示意图❶

具体资源，如水、鱼、树木等，治理系统是指管理机构及治理规则，行动者是指资源系统中的使用者。上述资源系统、资源单位、治理系统、行动者四个子系统又由多个二级变量组成，这些二级变量又可进一步细分为更深层次的变量。行动情境是指所有投入被众多行动者的行动转化为结果，并向各个子系统提供反馈。中心的社会-生态系统可以作为一个逻辑整体，但是外部的相关生态系统或社会、经济及政治背景可以影响该系统的任何组成部分。❷

　　社会-生态系统框架作为一种整合的视角，为不同研究领域的学者提供了全局性的认知框架。依据这一分析框架，研究者可以分析不同外部环境对资源系统、资源单位、行动者和治理系统影响的差

　　❶　McGinnis M D, Ostrom E. . Social-ecological system framework: Initial changes and continuing challenges. Ecology and Society, 2014, 19 (2): 30 - 41。

　　❷　Ostrom E. A diagnostic approach for going beyond panaceas. Proceedings of the National Academy of Sciences, 2007, 104 (39): 15181—15187; Ostrom E. A general framework for analyzing sustainability of social-ecological systems. Science, 2009, 325 (5939): 419 - 422。

第 2 章　社会——生态系统视野下的水利社会分析框架研究

异性，也可以研究在特定背景下，不同的子系统发生的不同变化及其对结果的影响机制。研究者据此可对公共资源治理进行重新审视，寻找出影响资源可持续发展的关键因素。因此，该分析框架有助于决策者从资源-使用者-治理系统的关系入手，构建完整的治理体系。

2.3 水利社会分析框架

水利社会学是以人类水利活动中的社会关系和社会问题作为自己研究对象的应用社会学。[1] 水利社会研究是将水作为一个切入点，从水的相关问题出发，分析区域社会历史发展的基本脉络，以观察中国历史社会。行龙在探讨水利社会史研究路径时提出："以水为中心，勾连起土地、森林、植被、气候等自然要素及其变化，进而考察由此形成的区域社会经济、文化、社会生活、社会变迁的方方面面。"[2] 钱杭认为水利社会史应"以一个特定区域内、围绕水利问题形成的一部分特殊的人类社会关系为研究对象，尤其集中地关注于某一特定区域独有的制度、组织、规则、象征、传说、人物家族利益结构和集团意识形态。"[3] 董晓萍则关注"由县以下的乡村水资源利用活动切入，并将之放在一定的历史、地理和社会环境中考察，了解广大村民的用水观念、分配和共用水资源的群体行为、村社水利组织和民间公益事业

---

[1] 贾征，张乾元. 水利社会学论纲. 武汉：武汉水利电力大学出版社，2000。

[2] 行龙."水利社会史"探源：兼论以水为中心的山西社会. 山西大学学报，2008（1）：33-38。

[3] 钱杭. 共同体理论视野下的湘湖水利集团：兼论"库域型"水利社会. 中国社会科学，2008（2）：167-185。

等。"❶因此，可借鉴社会－生态系统框架，构建水利社会的分析框架，见表2.1。基于此分析框架，研究者可以根据具体现象和问题，

表 2.1　基于社会－生态系统的水利社会分析框架❷

社会、经济与政治背景（S）	
S1 经济发展；S2 人口趋势；S3 政策稳定性； S4 其他治理系统；S5 市场；S6 媒介组织；S7 技术	
资源系统（RS）	治理系统（GS）
RS1 水资源 RS2 系统边界清晰度 RS3 系统规模 RS4 水利设施 RS5 稀缺性 RS6 自我平衡能力 RS7 系统动态可预测性 RS8 储存状况 RS9 位置分布	GS1 政府组织 GS2 非政府组织 GS3 网络结构 GS4 产权体系 GS5 操作规则 GS6 集体选择规则 GS7 法律规则 GS8 监督与惩罚机制
资源单位（RU）	行动者（A）
RU1 流动性 RU2 增长或更新率 RU3 经济价值 RU4 资源单位数量 RU5 时空分布	A1 相关行动者数量 A2 社会经济属性 A3 资源使用历史 A4 地理位置 A5 领导力 A6 社会规范/社会资本 A7 社会－生态系统观/思维模式 A8 对水资源的依赖程度 A9 可利用的技术

❶ 董晓萍，蓝克利. 不灌而治：山西四社五村水利文献与民俗. 北京：中华书局，2003。

❷ Ostrom E. A diagnostic approach for going beyond panaceas. Proceedings of the National Academy of Sciences，2007，104（39）：15181-15187；Ostrom E. A general framework for analyzing sustainability of social-ecological systems. Science，2009，325（5939）：419-422；Meinzen-Dick R. Beyond panaceas in water institutions. Proceedings of the National Academy of Sciences，2007，104（39）：15200-15205；Poteete A R，Janssen M A，Ostrom E. Working Together：Collective Action，the Commons and Multiple Methods in Practice. Princeton University Press，2010；McGinnis M D，Ostrom E. Social-ecological system framework：Initial changes and continuing challenges. Ecology and Society，2014，19（2）：30-41；王亚华. 诊断社会生态系统的复杂性：理解中国古代的灌溉自主治理. 清华大学学报（哲学社会科学版），2018，33（2）：178-191。

第2章　社会－生态系统视野下的水利社会分析框架研究

社会、经济与政治背景（S）	
互动（I）	结果（O）
I1 资源收获水平 I2 信息分享 I3 协商过程 I4 冲突情况 I5 投资活动 I6 游说活动 I7 自组织活动 I8 网络活动 I9 监督活动 I10 评估活动	O1 社会绩效 O2 生态绩效 O3 外部性
外部关联生态系统（ECO）	
ECO1 气候条件；ECO2 污染情况；ECO3 社会-生态系统的循环特征	

识别并选择该系统框架里的相关变量形成理论假说。应用和发展这一框架，有助于研究者对以下问题有更为深入的理解：其一，在特定的生态系统、社会经济及政治环境中，不同的资源系统、治理系统和资源单位将产生什么不同的互动模式和结果；其二，当行动者、资源系统、资源单位、治理系统所构成的特定结构在受到内部或外部因素的影响下，会出现的可能变化与发展。❶

当前类型学视野下的水利社会研究，强调不同区域水资源特点及利用方式的差异，分成不同类型的水利社会，比如丰水区、缺水区与水运区的划分；如泉域、库域、洪灌、堤垸、陂域、河域、湖域等提法。在社会-生态系统视野下，这些不同类型的水利社会可纳入统一的分析框架开展研究，探讨特定外部环境下资源系统和资源单位与相应的治理系统、行动者产生的互动方式和

❶ Ostrom E. A diagnostic approach for going beyond panaceas. Proceedings of the National Academy of Sciences，2007，104（39）：15181-15187；蔡晶晶. 诊断社会-生态系统：埃莉诺·奥斯特罗姆的新探索. 经济学动态，2012（8）：106-113。

结果。基于这个分析框架，可以对特定区域水利社会开展综合性研究，在水利工程、技术、管理等基础上，分析政治、经济、文化、生态等内容，实现对区域社会历史变迁的总体性认识。也可以探讨所谓"自然之水""社会之水""文化之水"，关注人与自然环境的互动，也关注地方人群之间、官府与百姓之间的互动，以及神明与现实之间的互动，以理解水利社会的形成与运转。❶研究者可根据各自的兴趣，考察不同变量间的相互作用，如水利与政治、经济、社会文化、生态环境之间的关联，水利与地方治理、社会规范、民俗信仰之间的联系，等等。水利与宗族研究，可重点关注非政府组织、网络结构、行动者社会经济属性、领导力、社会资本等变量，并根据研究问题进一步将这些变量分解为下一层级的变量，并探讨相关制度、规则、相关利益方的互动。水利与民俗信仰研究，可重点考察社会规范或社会资本，分析水神崇拜、献祭仪式、民间习俗、传说故事等形成、变迁，以及如何维持价值观念、用水规则、缓解社会冲突，从而降低集体行动成本。水利社会史研究中的一些理论问题，如治水国家说、水利共同体、水权等，也可以纳入该分析框架开展研究。治水国家说实质是关于治理系统的理论假说，中国独特的水文条件使得在治水方面面临高昂的合作成本，驱使国家利用权威控制代替横向的协商合作，引发对集权体制的需求。水利共同体研究可关注特定环境下的基层灌溉系统，分析不同灌溉模式下的集体行动问题，探究地方社会发展出什么样的治理系统，以应对制度供给、可信承诺和相互监督等难题，探讨利益相关者的特征及互动，以及水利共同体的治理成效及其关键因素。历史水权研究关注水资源产

---

❶ 杜靖.中国经验中的区域社会研究诸模式.社会史研究，2016：210-262。

权体系，围绕传统乡村水权纠纷、水权界定、实施、保护以及水权交易等，分析相关的治理系统以及行动者的互动与结果，为围绕水权问题的诸多社会现象提供理论解释。

因此，基于水利社会分析框架，围绕水资源系统、资源单位、治理系统和行动者，叠加社会、经济、政治背景及生态系统等层面的内容，就能够实现对区域水利社会历史变迁的总体认识。此外，还可利用该分析框架开展水的环境史、景观史研究乃至水的社会史研究。

2.4 本 章 小 结

当前，水利社会类型研究成果丰富，也呈现多学科交叉、融通的色彩，需在个案研究、经验性认识的基础上进行综合性分析，以形成更具广泛意义的累积性知识，深化水利社会史研究。本章借鉴社会-生态系统框架，构建水利社会分析框架，考察社会、经济和政治背景和外部关联生态系统下的水资源系统、资源单位、治理系统和行动者的互动关系及结果。该分析框架可对特定区域水利社会开展综合性研究，也可以对一些具体议题开展专题研究。该框架可在不同类型水利社会研究中构建交流关系，建立起学术上的知识累积，并提供了全局性的认知框架，研究者可以此为指引，建立起对变量之间的因果关系的系统认识。在此基础上，研究者还可改进和发展该分析框架，从中提炼概念和形成理论，进而实现水利社会史理论体系的建构。

第 3 章

乡村社会历史水权研究

3.1 引　言

历史时期水权问题是当前水利社会史研究关注的重要议题之一，对解读传统中国乡村水利社会乃至基层社会结构及运行方式等都有重要的意义。要对历史时期围绕水权的诸多社会现象进行解释，产权概念及理论的正确阐释是关键所在。

萧正洪较早关注区域社会水权问题，厘清了关中地区水权的历史演变特征，认为灌溉用水资源的所有权与使用权是分离的，不同时期水权的取得方式、实现途径和管理方式等存在差异，并分析清代关中地区灌溉水权买卖现象。❶ 王建革指出古代华北地区体现了水权可分的特点，与江南地区有所区别。❷ 行龙认为历史时期水案的核心内容就是对水权的争夺，其根源在于水资源匮乏。❸ 张俊峰考察明清以来山西文水县甘泉渠水案，分析围绕水权争夺的乡村社会变迁；探讨明清以来晋水流域水案及各方力量在水权争夺过程中的互动关系。❹ 王培华分析清代河西走廊的水

---

❶ 萧正洪. 历史时期关中地区农田灌溉中的水权问题. 中国经济史研究, 1999 (1)：48 - 66。

❷ 王建革. 河北平原水利与社会分析 (1368—1949). 中国农史, 2000 (2)：55 - 65。

❸ 行龙. 明清以来山西水资源匮乏及水案初步研究. 科学技术与辩证法, 2000 (6)：31 - 34。

❹ 张俊峰. 水权与地方社会：以明清以来山西省文水县甘泉渠水案为例. 山西大学学报 (哲学社会科学版), 2001, 24 (6)：5 - 9；张俊峰. 明清以来晋水流域水案与乡村社会. 中国社会经济史研究, 2003 (2)：35 - 44。

资源分配制度，提出分水制度在一定程度上缓解了水利纷争。❶
赵世瑜认为明清以来山西水利纠纷频繁不能简单归结为水资源短
缺，其根本原因在于水资源作为公共物品存在产权界定的困难，
造成水资源所有权公有与使用权私有的矛盾，若干"分水"传说
是一种争夺地方水资源使用权的象征资源。❷ 韩茂莉通过近代山
陕地区水权运作过程的研究，认为该地区形成了地缘和血缘两个
相互交织的水权利益圈，前者以渠系、村落为基点，后者则以家
族为中心。❸ 张小军以山西介休洪山泉的历史水权个案为例，探
讨包括经济、文化、社会、政治和象征等多重属性的复合产权。❹
王荣、郭勇探讨清代水权纠纷解决模式以及农户在纠纷之中的作
用。❺ 张俊峰考察前近代山西省汾河流域水权争端的处理过程，
分析"率由旧章"这一纠纷处理原则，并认为该行事原则是文化
安排的结果；研究山西滦池泉域的历史水权个案，认为前近代华
北乡村社会水利纠纷频繁的原因是水资源短缺和配置不合理，围
绕水权形成的社会舆论、道德观念等文化安排具有界定和保障水
权的功能。❻ 田东奎研究指出，明清之后土地买卖日渐频繁使水

---

❶ 王培华．清代河西走廊的水资源分配制度：黑河、石羊河流域水利制度的个案
考察．北京师范大学学报（社会科学版），2004（3）：92 - 99。
❷ 赵世瑜．分水之争：公共资源与乡土社会的权力和象征：以明清山西汾水流域
的若干案例为中心．中国社会科学，2005（2）：189 - 203。
❸ 韩茂莉．近代山陕地区地理环境与水权保障系统．近代史研究，2006（1）：44 - 58。
❹ 张小军．复合产权：一个实质论和资本体系的视角：山西介休洪山泉的历史水
权个案研究．社会学研究，2007（4）：23 - 50。
❺ 王荣，郭勇．清代水权纠纷解决机制：模式与选择．甘肃社会科学，2007（5）：
99 - 103。
❻ 张俊峰．率由旧章：前近代汾河流域若干泉域水权争端中的行事原则．史林，
2008（2）：87 - 93；张俊峰．前近代华北乡村社会水权的形成及其特点：山西"滦池"
的历史水权个案研究．中国历史地理论丛，2008（4）：117 - 122；张俊峰．前近代华北
乡村社会水权的表达与实践：山西"滦池"的历史水权个案研究．清华大学学报（哲学
社会科学版），2008（4）：35 - 45。

权买卖成为可能，清末水权与地权的分离更加明显。❶ 饶明奇的研究发现明清时期农田水利领域开始出现水权买卖行为，清代有扩大趋势。❷ 张佩国、王扬按照民族志方法，分析安徽绩溪县常溪水权的历史实践，揭示水权背后的地方社会秩序。❸ 许博围绕河西走廊石羊河的名字由来及演变过程，考察河流水权关系的形成，指出塑造河名是下游镇番县构建自身水权依据的策略之一。❹ 廖艳彬考察鄱阳湖流域的乌石潭陂、槎滩陂和北澳陂水利系统，认为地方社会围绕水利工程设施的创建权属之争，是地方民众争夺用水权的一种表现形式。❺ 董雁伟分析清代云南地区水权分配、管理和水权交易的运作机制。❻ 张俊峰分析了清至民国时期山西水利社会中的水权交易类型和地水关系的变化；探讨清至民国内蒙古土默特地区的水权交易行为。❼ 周亚考察明清以来晋南龙祠泉域的水权变迁历程，探究传统社会水权分配的关键影响因素。❽ 田宓利用内蒙古土默特档案和水契资料，探讨该地区水资源产权的历史演变进程。❾ 潘洁、陈朝辉对西夏水权的获得、分配、转

❶ 田东奎．中国近代水权纠纷解决机制研究．北京：中国政法大学出版社，2006。

❷ 饶明奇．清代黄河流域水利法制研究．西安：黄河水利出版社，2009。

❸ 张佩国，王扬．"山有多高，水有多高"择塘村水务工程中的水权与林权．社会，2011（2）：177-200。

❹ 许博．塑造河名构建水权：以清代"石羊河"名为中心的考察．中国历史地理论丛，2013（1）：117-126。

❺ 廖艳彬．创建权之争：水利纠纷与地方社会：基于清代鄱阳湖流域的考察．南昌大学学报（人文社科版），2014（5）：105-110。

❻ 董雁伟．清代云南水权的分配与管理探析．思想战线，2014，40（5）：116-122。

❼ 张俊峰．清至民国山西水利社会中的公私水交易：以新发现的水契和水碑为中心．近代史研究，2014（5）：56-71；张俊峰．清至民国内蒙古土默特地区的水权交易：兼与晋陕地区比较．近代史研究，2017（3）：83-94。

❽ 周亚．明清以来晋南龙祠泉域的水权变革．史学月刊，2016（9）：89-98。

❾ 田宓．"水权"的生成：以归化城土默特大青山沟水为例．中国经济史研究，2019（2）：111-123。

让，特别是水权与土地、赋役的关系进行分析。❶ 谢继忠等探讨清代至民国时期甘肃河西走廊水权交易类型及特点。❷

概括而言，诸多研究主要关注历史水权，利用历史资料厘清某个地区历史水权的形成与变迁特征。对于水权纠纷原因的解释，有学者认为根源在于水资源匮乏❸❹，另有学者归结为水权的产权界定困难❺。此外，有学者提出了水权圈理论，用于解释围绕历史水权的一些现象，试图进行理论本土化的尝试；❻ 还有学者提出"复合产权"的概念，并试图以此来整合、统领此前社会学界有关中国产权及其实质问题的思考和争论❼。水权纠纷是源于产权界定困难还是水资源匮乏，已有研究并没有进行验证。而水权或产权理论的本土化是否能够更好地解释中国历史水权问题或现象，需要从理论逻辑和事实验证层面进行分析。因此，下文首先从理论层面分析产权概念，以此厘清现有历史水权研究中存在的误区；接着对历史时期地方社会围绕水权问题的诸多现象进行解释；最后是研究的结论。

---

❶ 潘洁，陈朝辉．西夏水权及其渊源考．宁夏社会科学．2020（1）：187 - 190。

❷ 谢继忠．民国时期石羊河流域水权交易的类型及其特点：以新发现的武威、永昌契约文书为中心．历史教学月刊，2018（18）：64 - 69；谢继忠，罗将，毛雨辰．契约文书所见清代石羊河流域的水权交易：民间文书与明清以来甘肃社会经济研究之二．西夏研究，2022（1）：100 - 106；谢继忠，罗将，毛雨辰．清代以来河西走廊水权交易初探：民间文书与明清以来甘肃社会经济研究之三．河西学院学报，2022，38（1）：12 - 21。

❸ 行龙．明清以来山西水资源匮乏及水案初步研究．科学技术与辩证法，2000（6）：31 - 34。

❹ 张俊峰．前近代华北乡村社会水权的形成及其特点：山西"滦池"的历史水权个案研究．中国历史地理论丛，2008（4）：117 - 122。

❺ 赵世瑜．分水之争：公共资源与乡土社会的权力和象征：以明清山西汾水流域的若干案例为中心．中国社会科学，2005（2）：189 - 203。

❻ 韩茂莉．近代山陕地区地理环境与水权保障系统．近代史研究，2006（1）：44 - 58。

❼ 张小军．复合产权：一个实质论和资本体系的视角：山西介休洪山泉的历史水权个案研究．社会学研究，2007（4）：23 - 50。

3.2 产权的理论阐述

关于产权，经济学家给出了诸多定义。费雪（Fisher）认为，产权是抽象的社会关系。❶ 科斯（Coase）在阐释产权时指出，我们说某人拥有土地，实际上土地所有者拥有的是实施一定行为的权利。❷ 德姆塞茨（Demsetz）指出，产权能够帮助人们在与他人进行交易时形成合理预期，并界定人们受益或受损的权利。❸ 阿尔钦（Alchian）把产权定义为人们使用资源的适当规则，是一种通过社会强制实现的对某种物品用途进行选择的权利。❹ 菲吕博腾（Furubotn）和平乔维奇（Pejovich）提出产权不是指人与物之间的关系，而是指由于物的存在及使用所引起的人们之间相互认可的行为关系。❺ 诺思（North）认为，产权本质上是一种排他性的权利。❻ 巴泽尔（Barzel）认为产权是由资产使用、

---

❶ Fisher I. Elementary Principles of Economics. New York：Macmillan，1923；平乔维奇. 产权经济学：一种关于比较体制的理论. 蒋琳琦，译. 北京：经济科学出版社，1993。

❷ Coase R H. The problem of social cost. The Journal of Law and Economics，1960，3（October）：1-44。

❸ Demsetz H. Toward a theory of property rights. The American Economic Review，1967，57（2）：347-359。

❹ Alchian A A. Corporate management and property rights. Economic Policy and the Regulation of Corporate Securities . Washington DC：American Enterprise Institute，1969；阿尔钦. 产权：一个经典注释. 载科斯等，财产权利与制度变迁：产权学派与新制度学派译文集，刘守英等译，三联书店、上海人民出版社，1994。

❺ Furubotn E，Pejovich S. Property rights and economic theory：a survey of recent literature. Journal of Economic Literature，1972，10（4）：1137-1162。

❻ 诺思 C. 制度、制度变迁与经济绩效. 刘守英，译. 上海：上海三联书店，上海人民出版社，1994。

获取收入和转让的权利构成。❶

除了经济学界，产权研究的社会学视角近年来也受到国内学界的关注。一些社会学者试图提炼出有别于经济学的本土化产权概念，并希望以此为基础建立具有普遍意义的分析框架。刘世定质疑经济学的产权理论在中国本土问题上的解释力，提出"占有"概念及其三维度结构。❷ 周雪光提出"产权是一束关系"，并以此为基础提出"关系产权"的概念。❸ 张小军认为经济学的产权概念可能对中国民间社会缺乏解释力，提出包含经济、文化、社会、政治和象征等多重属性的复合产权。❹

"产权的社会学视角"可视为中国社会学界对经济学产权理论解释力的质疑，有一定的参考价值，但也反映出社会学家对经济学产权理论的误解。刘世定提出占有的三个维度，以及法律、行政、意识形态、民间规范等社会认定机制。❷ "占有"的概念比较类似"所有权"的含义，反映的是人与物之间的归属关系。为区分产权与所有权，科斯（Coase）曾举例"即使是在自己的土地上"开枪，惊飞了邻居设法诱捕的野鸭，"也是不应该的。"在这里，"土地"以及"枪"的所有权都是明确的，但枪的所有者却"不应该"开枪。❺ 这就说明，问题已经超出了所有权的范围，而属于产权范畴了。由此可见，产权是规定人们行为关系的

---

❶ Barzel Y. Economic Analysis of Property Rights. Cambridge：Cambridge University Press，1997.

❷ 刘世定. 占有制度的三个维度及占有认定机制：以乡镇企业为例//潘乃谷，马戎. 社区研究与社会发展. 天津：天津人民出版社，1996。

❸ 周雪光. 关系产权：产权制度的一个社会学解释. 社会学研究，2005（2）：1-31。

❹ 张小军. 复合产权：一个实质论和资本体系的视角：山西介休洪山泉的历史水权个案研究. 社会学研究，2007（4）：23-50。

❺ Coase R H. The problem of social cost. The Journal of Law and Economics，1960，3（October）：1-44。

一种规则，与是否拥有并支配自己财产的所有权不同。一般而言，要解决社会成员之间因稀缺资源使用而产生的利益冲突，需要某些社会规则进行规范，这些规则就是经济学中所谓的产权，它们是由法律制度、国家暴力、社会风俗或等级地位等来确立的。❶ 其实，刘世定的占有认定机制与此有类似的含义。周雪光的"关系产权"概念，是基于其认为经济学的"产权是一束权利"而提出的。❷ 但实际上，产权就是指一种人们之间相互认可的行为关系。因此，如果能够准确理解经济学中产权的含义，我们看不出"关系产权"除了给出一个新的名词之外有何特别的意义。张小军借用布迪厄的资本理论，提出包含经济、文化、社会、政治和象征等多重属性的复合产权。❸ 所谓资本，是资产收入的折现。❹ 某种意义上而言，所谓的经济资本、社会资本、文化资本、政治资本和象征资本的划分是模糊不清的。假设此种划分成立，那么复合产权就是从"物"的视角对产权进行划分，而非主体行为权利角度。因此，这看似是对产权的具体细化，其实是对经济学产权概念的错误解读。其实，经济学家认为产权是包括使用权、收益权和转让权的权利体系❹，与前述的产权概念保持逻辑的一贯性，既反映了与其他人之间的关系，也指向行为权利。因此，"复合产权"并不直接表征产权的概念，无非是从另一个角度表示产权的确立方式。

---

❶ Alchian A A, Demsetz H. The property rights paradigm. Journal of Economic History, 1973, 33 (1): 16-27。

❷ 周雪光. 关系产权：产权制度的一个社会学解释. 社会学研究, 2005 (2): 1-31。

❸ 张小军. 复合产权：一个实质论和资本体系的视角：山西介休洪山泉的历史水权个案研究. 社会学研究, 2007 (4): 23-50。

❹ 张五常. 经济解释. 北京：中信出版社, 2014。

3.3 历史水权的实证分析

3.3.1 水权纠纷

水权纠纷是中国历史时期特别是明清以来普遍存在的现象。明清以来，因水权纠纷导致的水案几乎遍布山西各地，至中华人民共和国成立前大小水案有百起以上，正所谓"晋省以水渠起衅，诟讼凶殴者案不胜书"❶。如山西通利渠的水利纠纷：

> 每届夏秋用水急切之时，上游筑坝截水，灌地转磨，且偷灌卖水，弊窦丛生，而下游各村滴水未沾，历年争端不息。❶

洪洞霍泉：

> 向来毗连赵境之曹生、马头、南秦诸村，收水较近，灌溉尚易。至下游冯堡等村之地，则往往不易得水，几成旱田者已数百亩矣。闻北霍之地，则年有增加，即南霍距泉左近支渠之水，亦有偷灌滩地者。❶

翼城滦池：

---

❶ 孙焕仑. 洪洞县水利志补. 太原：山西人民出版社，1992。

昔时水地有数水源充足，人亦不争，自宋至今而明，生齿日繁，各村有旱地开为水地者，几倍于昔时。一遇亢旸便成竭泽，于是奸民豪势搀越次序，争水偷水，无所不至。其间具词上疏，积如山，至正德四年方勒文立石，仍循旧制，至今未改。❶

介休洪山泉：

揆之介休水利，初时必量水浇地，而流派周遍，民获均平之惠。迨今岁习既久，奸弊丛生，豪右恃强争夺，奸滑乘机篡改，兼以卖地者存水自使，卖水者存地自种，水旱混淆，渐失旧额。即以万历九年清丈为准，方今七载之间，增出水地壹拾肆顷有奇，水粮三拾捌石零。以此观之，盖以前加增者，殆有甚焉。是源泉今昔非殊，而水地日增月累，迨今若不限以定额，窃恐人心趋利，纷争无已，且枝派愈多，而源涸难继矣。❷

清代浙江地区的农村争水问题非常严重，"大旱之年，民争水如珠，最苦水不均"，❸ 地方志中到处充满了这方面的记载。❹ "顺治十年，墙里童姓与大桥瞿姓争水讦讼"。❺ "乾隆年间，俞叶

---

❶ ［清］顺治六年《断明水利碑记》，碑存翼城县武池村乔泽庙内。

❷ ［明］万历十六年《介休县水利条规碑》，碑存介休洪山源神庙内。

❸ ［民国］周易藻，《萧山湘湖志》卷一，民国十六年（1927 年）铅印本。

❹ 熊元斌. 清代浙江地区水利纠纷及其解决的办法. 中国农史, 1988 (3)：48 - 59。

❺ ［清］乾隆《绍兴府志》卷十五《水利志》，中国方志丛书，成文出版社有限公司，1975。

二村争水，殴毙二命成讼"。❶ "同治元年，豁里庄沈姓与朱山庄姚姓争水互控"。❷ 光绪《镇海县志》载：

> 东钱湖为巨浸，而鄞与镇相邻错壤。湖之四面周环八十里，其流经所遍，鄞有六分，镇有崇邱八里，引湖水灌田禾四万亩。自昔至今，鄞镇两县人民均输湖税，无有争差。……今则有傅、李二姓，族众繁多，敢于鄞、镇交界处拆毁古桥梁，拦流造坝，使湖流百世之利阻碍不通，水浅则仅及鄞田而崇邱不沾其涓滴；水深则波高于堰而崇邱独被其冲激。……于是阖邑士民控于县令黄候。❸

关中地区用水冲突非常频繁，例如明清时期的引泾及龙洞渠灌区中水权纠纷不胜枚举，清代的四部《三原县志》对此均有记载。❹《清峪河各渠记事簿》记载：

> 上游夹河川道私渠横开，自杨家河起，至杨社村止，二十余里之沿河两岸，计私渠不下十余道。倘遇天旱，垒石封堰，涓滴不便下流，致下游四大堰，纳水粮种旱地，虽有水利，与无水利等也。所以下游四大堰利

❶ ［清］光绪《金华县志》，中国方志丛书，成文出版社有限公司，1974。
❷ ［清］光绪《兰溪县志》卷一《山川》，中国方志丛书，成文出版社有限公司，1974。
❸ ［清］光绪《镇海县志》卷七《山川下》，中国方志丛书，成文出版社有限公司，1974
❹ 四部《三原县志》是指清康熙四十三年李瀛编纂，乾隆三十一年张象魏编纂、乾隆四十三年刘绍攽编纂的三部《三原县志》和光绪六年贺瑞麟编纂的《三原县新志》。

夫，纠众结群，遂不惜相率成队，动辄数百，抱堰决水。各私渠以形势所在，鸣钟聚众，一呼百应，各持器械，血战肉搏，奋勇前斗，以与下游四大堰利夫争水。于是豪夺强截之风，于焉大张矣。❶

清道光《鲁桥镇志》曾列出十条易于引起纠纷的水管弊端，为"横开私渠、断河霸堰、大户霸水、以水卖钱、以旱作水、下控上堰、渠长渔利、乱树碑记、紊乱时刻、巡护失防"，❷ 不难看出，几乎全与水权争夺有关。清代河西走廊"年年均水起喧嚣"，水案不绝于书。❸《古浪县志》载："河西讼案之大者，莫过于水利，一起争讼，连年不解，或截坝填河，或聚众独打，如武威之乌牛、高头坝，其往事可鉴也。"❹ 如道光《镇番县志》记载：

康熙六十一年，武威县属之高沟寨民人，于附边督宪湖内讨给执照开垦……镇民申诉，凉、庄二分府亲诣河岸清查，显系镇番命脉，高沟堡民人毋得壅阻。……查得高沟寨原有田地，被风沙壅压，是以屯民有开垦之请。殊不知镇番一卫，全赖洪水河浇灌，此湖一开，拥据上流，无怪镇民有断绝咽喉之控。开垦永行禁止。……乾隆八年，高沟寨兵民私行开垦，争霸河水，

---

❶ ［民国］刘屏山．《清峪河各渠记事簿》// 白尔恒，蓝克利，魏丕信. 沟洫佚闻杂录. 北京：中华书局，2003。

❷ ［清］王介.《鲁桥镇志》，清道光十一年（1831 年）刻本。

❸ ［民国］赵仁卿等.《金塔县志》卷一〇《谷雨后五日分水即事》，金塔县人民委员会翻印，1957。

❹ ［清］乾隆《五凉全志·古浪县志》，中国方志丛书，成文出版社有限公司，1976。

互控镇道府各宪。蒙府宪批：武威县查审关移本县，并移营讯，严禁高沟兵民开垦，不得任其强筑堤坝，窃截水利，随取兵丁等永不堵浇甘结。❶

另有《创修临泽县志》载：

嘉庆十六年六月，张掖东六渠农民借黑河东西崖土倒塌，以致妨碍水利，该张掖老农李运、张玉率同众农民齐集工夫，即挖深沟一道，计长八十余丈。挖出泥土顺推河中成坝，使水归入东六渠畅流，致西六渠水势细微。经抚民王秉乾、武蕴文、邓智控，经张掖批饬：新沟一律填平，照依旧规分水。李运等观望未填，王秉乾控经本厅，会同张掖县讯明，仍断令李运等填平新沟。随至莺落崖会同传集人共督率填沟。乃张掖县民徐得祥、王元恺希图霸水，即复违断，向前拦阻填沟，因其恃众抗官，经本厅会同张掖县通禀批饬，解犯赴省审办。❷

研究者对于水权纠纷的原因存在分歧。一些学者认为根源在于水资源短缺❸，另一些则认为主要原因是水资源的使用权限不

❶　[清] 道光《镇番县志》卷四《水利考·水案》，中国方志丛书，成文出版社有限公司，1970。

❷　[民国]《创修临泽县志》，张志纯等点校，甘肃文化出版社，2001。

❸　行龙. 明清以来山西水资源匮乏及水案初步研究. 科学技术与辩证法，2000（6）：31–34；张俊峰. 前近代华北乡村社会水权的形成及其特点：山西"滦池"的历史水权个案研究. 中国历史地理论丛，2008（4）：117–122。

明确或水资源所有权公有与使用权私有的矛盾❶。因此，可以将解释明清时期水权纠纷频繁的假说分为"资源匮乏说"和"产权不清说"。但遗憾的是，以上研究都未对提出的假说进行验证。对于"资源匮乏说"——水资源稀缺程度增加导致水权纠纷增加，验证条件是水权纠纷减少，水资源稀缺程度是否增加。山西介休洪山泉 20 世纪 50 年代以后灌溉流域内的人口远超 15—19 世纪，同时水流量却比以前逐年减少，但在 20 世纪中叶以后依然保持着相当强的灌溉能力；洪洞霍泉在 1953 年的灌溉流域人口和农地面积大大超过以往，❷ 但是该两处的水权纠纷却大为减少❸。而且，清代水资源丰富的浙江地区争水问题也非常严重。❹ 因此，水资源匮乏并非水权纠纷的决定因素。对于"产权不清说"——水权界定不明晰导致水权纠纷增加，验证条件是水权纠纷减少，水权界定是否清晰。水资源产权界定困难或水资源所有权公有和使用权私有的矛盾，这些约束条件不是明清以后才有的，即所谓的"产权界定不清"或"公私矛盾"也并非充分条件。因此，"产权不清说"也不成立。那么，如何解释明清时期水权纠纷频繁这一现象呢？

在水资源稀缺的情况下，人们必然会对水资源的使用开展竞争。古代中国是农业社会，灌溉用水是农业生产的重要生产资料，因此在水资源稀缺的情况下，农民会竞争使用。需要注意的是，这里所指的稀缺并不等同于匮乏；稀缺是指人们愿意为获得某种物品付出代价。竞争必然会受到约束，需要有约束性的办法来界定人与人之间的权利，而这种约束性的规则就是产权制度。水资源与一般物品具有不同的特性，那就是流动性，导致界定产权相对比较困难。因此，存在比较大的公共领域，从而引发人们的争夺，人们的行为会对其他人造成影响，即会产生外部性。对于公共领域的竞争会造成租值消散，而基于自私的假设，人们会尽可能去降低租值消散。于是，问题的关键是在产权界定困难的情况下，人们是否能发展出有效的治理机制来减少这种外部性，而这又取决于产权的排他性成本和内部管理成本。当新的治理机制所带来的边际收益与边际成本相等时，达到均衡的状态。

　　基于以上分析，本书对于明清时期水权纠纷日趋频繁的理论解释是：随着水资源稀缺程度的提升，人们争夺水资源的意愿会增强，若原有的治理机制不能有效约束这种竞争，就需要进行制度变迁以适应情况的变化；而如果缺乏强有力的干预或激励，且制度变迁的成本高于所带来的收益，新的治理机制便不会内生形成，对人们竞争水资源的行为约束不足，因此水权纠纷就会增多。由此，可以解释为什么明清时期的水权纠纷会比以前更多；而建国后水资源比明清时期更加稀缺，但由于建立了基于国家强权的约束机制，虽然依旧存在水权界定困难的问题，水权纠纷却是明显减少了。有学者提及所谓的悖论现象：私人产权界定清楚却纠纷不断，产权主体模糊时反而相安无事。❶ 其实，这无非表明产权界定清楚与否并不是产生纠纷多少的充分条件，或者说还

---

　　❶　张俊峰. 前近代华北乡村社会水权的表达与实践：山西"滦池"的历史水权个案研究. 清华大学学报（哲学社会科学版），2008（4）：35-45。

有其他因素。若个人使用水资源对他人不产生影响，此时即使产权模糊也较少有纠纷；但如果个人使用水资源会侵犯他人的权利，就需要界定各行为主体的权利。但有时候仅仅是产权界定清楚还是不够的。产权并不会自动行使，任何个人对权利的实施取决于个人保护产权、他人企图夺取和第三方予以保护等三个方面的努力程度❶。而且只有社会成员相信产权制度是公平合理的，产权的规则和行使才是有效的❷，若产权界定不能得到一致的社会认同，就无法有效实施，表现出来的是纠纷不断。因此，并不存在所谓的悖论现象，而是在于水资源使用中的外部性强弱以及是否得到有效治理。

3.3.2 水权界定、实施和保护

历史时期，地方社会围绕水权的界定、实施和保护产生诸多的社会现象。在历史时期的"四社五村"地区，用水组织中各成员间存在着差异性的权利结构。当地被分为五个享有水权的"水权村"和若干没有水权的"附属村"；五个"水权村"也建立等级秩序，位于下游的仇池社、李庄社、义旺社、杏沟社为第一级，按照兄弟排行，而最靠近水源的孔涧村为第二级，排在"老五"，实行"自下而上"的用水顺序。❸ 四社五村的水利秩序用文字形式登记在水利簿上，并且在水源地龙王庙的石碑上亦有碑文

---

❶ Barzel Y. Economic Analysis of Property Rights. Cambridge：Cambridge University Press，1997。

❷ 诺思 C. 经济史中的结构与变迁. 陈郁，罗华平，等译. 上海：上海三联书店，上海人民出版社，1994。

❸ 董晓萍，蓝克利. 不灌而治：山西四社五村水利文献与民俗. 北京：中华书局，2003。

记载。如清道光七年（1827年）水册记载：

"霍山之下古有青条二峪，各有渊泉，流至峪口交汇一处虽不能灌溉地亩，亦可全活人民。二邑四社因设龙君神祠，诸村轮流祭赛。自汉晋、唐、宋以来，旧有水例。至大元至正年间，大军经过，水案遗失，大明洪武年六月十七日，设立水册传，至洪治九年闰三月十例抄写，又传隆庆六年闰二月初九日复例抄写，迄今大清道光七年二百五十六年，其簿残缺。考其文，断续莫变，四社香末，因将旧例残缺者补之，失次者序之，因录水例于左。四社香首般头，龙王殿抄写，各画花押，永无异议。

一例水规二十八日一周。赵邑十四日、霍州十四日、赵邑杏沟村六日、仇池村八日、霍州李庄村七日、义旺村四日、孔涧村三日、周而复始，不许混乱，违者照例科罚。

一例清明前一日照规小祭，祭毕分沟。自辨祭之社为始，次第相节，永不乱沟，违者科罚。

一例各村交水时辰，不犯红日，违者科罚。

一例水册虽经誊写，旧本乃存，一并交代不敢得信弃旧。

一例每年交单文约，逢圣君元年，将旧约尽行公焚庙前，合同永存，不焚。"❶

---

❶ 董晓萍，蓝克利．不灌而治：山西四社五村水利文献与民俗．北京：中华书局，2003。

近代山陕地区形成灌渠、利户两个受益层面，以地缘为核心维护渠系水权是第一层面水权圈，在每一个地缘水权圈内部，农户成为水权的最终受益者，需要维护的是以家族为中心的血缘水权圈；通过水程、水序为核心的用水规则和渠长为核心的基层管理体系，融地缘利益与农户利益为一体，形成了有效的水权保障系统。❶ 如诸多水册记载行水次序，《通利渠渠册》载："通利渠浇灌临、洪、赵三县十八村，自临汾县西孙村，按照分定水程时刻，从下实排，趱上浇灌兴工地土，至赵城县石止村，周而复始。"《清泉渠渠册》规定"自来行沟使水，自下而上"。❷泾阳县高门渠"每月初一日子时起水，从下而浇灌至于上，二十九日亥时尽止"。❸《清峪河源澄渠记》规定"凡水之行也，自上而下；水之用也，自下而上"。❹《泾渠用水则例》载："用水之序，自下而上，最下一斗，溉毕闭斗，即刻交之上，以次递用。斗内诸利户各有分定时刻，其递用次序亦如之，夜以继日，不得少违。"❺

历史上山西介休洪山泉域明确村落水权享有的先后顺序，形成村、家户和个人的多重产权形态，围绕水利庙宇产生的民间信仰、习俗和传说，形成了一套水管理的祭祀和水权见证的权威体系，通过"庶规制定"的方式达成一定程度的自主治理，地方政

---

❶ 韩茂莉. 近代山陕地区地理环境与水权保障系统. 近代史研究，2006（1）：44 - 58.

❷ 上引各渠水册出自：孙焕仑. 洪洞县水利志补. 太原：山西人民出版社，1992。

❸ 刘丝如. 刘氏家藏高门通渠水册//白尔恒，蓝克利，魏丕信. 沟洫佚闻杂录. 北京：中华书局，2003。

❹ 白尔恒，蓝克利，魏丕信. 沟洫佚闻杂录. 北京：中华书局，2003。

❺ ［清］宣统《泾阳县志》卷四，中国方志丛书，成文出版社有限公司，1969。

府制定水利法规、介入水权分配并认可民间水册水簿。❶ 如《介休县水利条规碑》记载：

> 水利所在，民讼罔休。宋文潞公始立石孔，分为三河……计地立程，次第轮转，设水老人、渠长，给予印信簿籍。开渠始于三月三日，终于八月一日。岁久弊生，豪家往往侵夺。嘉靖二十五年，知县吴绍增修筑堤防，厘正前法。其后又有卖水买水之弊。隆庆元年，知县刘旁将现行水程立为旧管新收，每村造册查报，讼端少息。而又有有地无水、有水无地之病。万历十五年，知县王一魁通计，地之近水者若干，务使以水随地，以粮随水，立法勒碑，甚为详悉。❷

前近代山西翼城滦池泉域上五村依据先天地理优势和水利初创时期村庄先人的义举，获得了用水特权，可以"自在使水"，下六村则依靠北宋政府大兴水利的政策和各自在开创水利过程中财力、物力投入的比例获得了不同的水权，西张村与下六村的情况类似，十二村以外具备引水条件的村庄却因未参加渠道建设而完全丧失了水权；十二村水权分配是分等级的，有固定的用水时辰和期限；这种既定水权分配格局通过神灵祭祀、"竖碑立传"、民间传说等特定方式表达出来，由此形成当地的民间信仰、风俗

---

❶ 张小军. 复合产权：一个实质论和资本体系的视角：山西介休洪山泉的历史水权个案研究. 社会学研究，2007（4）：23－50。

❷ ［清］嘉庆《介休县志》卷二，中国方志丛书，成文出版社有限公司，1976。

习惯。❶ 如乔泽神是涑池泉域民众唯一尊奉的水利神，祭祀仪式非常隆重庄严，以强化用水地位：

> 每年三月初八日为行幡赛会祭祀之日，每到此日以殡葬形式祭乔泽神。定为南梁村、涧峡村、故城村、清流四村为行幡，其余各村都是挂幡，十二村轮赛。每年一小祭，十二年一大祭，轮赛之时，大幡一杆，高八丈，上系彩幡数层，驾五只大牛拉着，百余人从四面八方以绳扶行。小幡十二杆，各高二丈，一牛拉一。不独打幡，还有僧道两门身披袈裟，吹奏乐器引着：油筵、彩筵、整猪、全羊、大食、榴食七百三十个等各种祭品。还有狮子、老虎、高跷、抬阁、花鼓等故事，排列成行，鱼贯而行，异常热闹，洵称巨观。相演成习，已成古规，不可缺少。❷

湘湖水利集团的基本制度之一是"均包湖米"，《湘湖水利志》载："通计其田有三万七千零二亩，统以为湖，用以溉由化等乡诸田，得一十四万六千八百六十八亩有奇。即以湖田原粮一千石零七升五合加派之由化等得水之田，每田一亩派七合五勺❸，以代为上纳，谓之'均包湖米'。"❹ 缴纳湖耗是拥有湘湖水资源

---

❶ 张俊峰. 前近代华北乡村社会水权的表达与实践：山西"涑池"的历史水权个案研究. 清华大学学报（哲学社会科学版），2008（4）：35-45。

❷ 李百明，段玉璞. 涑池变迁. 翼城县档案局，1986。

❸ 1石＝10斗，1斗＝10升，1升＝10合，1合＝10勺。

❹ ［清］毛奇龄.《湘湖水利志》，收入毛氏《西河合集》第76、77册，据清华大学图书馆藏清康熙刻《西河合集》本影印，四库全书存目丛书史部第224册，齐鲁书社，1996。

使用权的标志，这一权利是与土地联系在一起的："湖耗之负担，在田不在人。九乡之田未必尽为九乡人所有，而九乡以外之人又未必不有九乡之田……水利犹在，仍九乡半数之田享有之，而决不溢出九乡以外。由是权利、义务仍复相等。"❶《湘湖均水约束记》明确了各乡的用水权利，规定湘湖各穴放水次序和放水时间："九乡管田一十四万六千八百六十八亩二角，水以十分为准，每亩各得六丝八忽一秒。积而计之，以地势有高低之异，故放水有先后之次，分为六等。柳塘最高故先，黄家霪最低故后。其间高低相若同等者同放，此先后次序，不可易者。"❷

浙江丽水芳溪堰灌区自宋代以来实行 14 天轮灌制，在水量分配上并不是按照灌溉面积来定。"据册，力溪、岗坞合田贰拾伍顷有奇，伍坦共田贰拾贰顷有余，源□□拾叁顷余，大齐肆顷上下。"❸ 水量分配则是："始从力溪、岗坞共水期陆日，次从源口水期伍日，再次塘头、后肖、大齐、高岸、包村伍小坦共水期叁日，以拾肆日为壹轮，周而复始灌溉。"❹ 主要原因在于："该圳开筑之初，源口、岗坞、力溪三庄之民出资共筑，五小坦之民并不在内。是以五小坦田亩虽多，而轮灌之期独少。"❺ 古榜圳图、水期榜文、水期勒石永示碑，是松古灌区民众持有水权的合法凭证。清康熙二十五年（1686 年）六月榜文记载：

> 原遗有古榜圳图，因今年洪水飘荡，墙屋俱倒，古榜失坏。设不恳照，虑恐日后无查，叩乞宪天敕赐印

---

❶ ［民国］周易藻.《萧山湘湖志》，民国十六年（1927 年）铅印本。
❷ ［明］万历《绍兴府志》卷十六，李能成点校，宁波出版社，2012。
❸ 摘自清康熙二十七年六月二十日榜文，收藏于松阳县档案馆。
❹ 摘自清康熙三十一年七月初三榜文，收藏于松阳县档案馆。
❺ 摘自清道光四年十二月十一日《芳溪堰奉宪勒石碑》，藏于松阳县水利博物馆。

照，照旧灌溉，以存后验。❶

道光十三年（1833年）《奉宪示勒金梁堰碑记》记载：

遵照榜示，定期轮灌，被大路村头圳道源水横冲，圳经修理，因榜破伤，恐朽蠹无存。为此粘呈古榜，公叩勒石等情。❷

明清时期地方政府在颁布用水榜文，并给予强力的维护保障。明天顺元年（1457年）四月榜文记载：

案经行属重覆体勘明白，给榜分水，去后，今供前因参照，致争水利及侵占圳港作田犯罪，革前着令照旧改正贰尺，官不许多占，外合行备榜，前去分水处□□□□，晓谕承利居民人等，今后务依定轮流分水次日期，均承水利。敢有故违之人，被堰首□□□指名呈告，即将违犯之徒定罚花银贰百□□□公用，及依律问罪不恕，所有榜□□至出给者。❸

康熙二十七年（1688年）六月榜文记载：

为此，示仰合堰各坦居民知悉，俱照现今派定水期轮值分灌，毋再如前挽越混争。如敢恃强结党，阻

---

❶ 摘自清康熙二十五年六月初七榜文，收藏于松阳县档案馆。
❷ 摘自清道光十三年八月十四日《奉宪示勒金梁堰碑》，藏于松阳县水利博物馆。
❸ 摘自明天顺元年四月榜文，收藏于松阳县毛先法家。

挽定期□□害，诸人协同乡长地方，扭解赴县，查审明确，定行重责、枷示，本处断不使豪恶恣横良□□所也。❶

康熙三十四年（1695年）十二月榜文载：

倘有恃横于越，不遵以田禾需水之时，水碓不与田争水，对利己害人者，许令堰首人等指名呈赴。本县以凭严拿重究。各宜凛遵，毋违。❷

前文已阐释产权的含义，表明产权是由于稀缺、社会竞争而形成的行为规范。学界一般重视产权界定，因为权利界定清晰是市场交易的前提条件，❸甚至有学者认为"产权清晰界定"是解开水权问题的万能钥匙。其实，这是对科斯思想的误读。科斯的"产权界定"是指产权的实际执行状态，而非仅仅指法定的赋权。而且，产权清晰界定也并不一定都是有效率的，需要考虑科斯提出的交易费用；若产权界定明晰的成本高于由此带来的收益，此时产权模糊反而是更优的选择。历史时期地方社会围绕水资源开发、利用的诸多现象，可以从水权界定、水权实施和水权保护的视角进行解读。

"四社五村"用水组织各成员的差异性权利结构是对水权进行界定，规定了五个"水权村"和若干"附属村"，前者享有水

---

❶ 摘自清康熙二十七年六月二十日榜文，收藏于松阳县档案馆。

❷ 摘自清康熙三十四年十二月十六日榜文，收藏于松阳县档案馆。

❸ Coase R H. The problem of social cost. The Journal of Law and Economics, 1960，3（October）：1-44。

权，后者没有水权。山西翼城滦池上五村和下六村的用水权和十二村以外不享有水权，也是水权界定，尽管各自的水权来源各有不同。山西介休洪山泉水利法规的制定和政府对分水的参与，也同样是水权界定的方式。在萧山湘湖灌区，交纳湖耗是拥有湘湖湖水使用权的清晰标志。丽水芳溪堰灌区的轮灌制度表明，水权与初始工程投资有密切联系，并以榜文的形式予以确认。产权的有效实现需要在具体实施中体现，所以行使水权的能力是非常重要的。因此，各地一般都会建立各种水利组织，并且有各种具体的用水规则。在"四社五村"地区，"水权村"内部建立起五个村之间相互制衡的等级秩序，巧妙地实行"自下而上"的用水顺序，有效降低了水权实施的成本。山陕地区和滦池地区有关水程、水序的规则，也是水权实施。湘湖灌区通过制定均水约束制度，对灌溉顺序、水量、放水时间严格规定来实施水权。芳溪堰灌区实行轮灌制度，明确放水顺序和时间，并以榜文、碑刻形式不断强化水权行使的能力。产权的界定和实施必须得到社会的认同，也就是产权主体或第三方的产权保护，才能真正有效。这种产权保护意图营造社会的一致认同，可能来源于国家法律法规等正式制度安排，也可能是民间的非正式制度安排。"四社五村"的水利簿、龙王庙的碑文和清明节的祭祀活动，都是水权保护的体现。近代山陕地区形成地缘和血缘两个相互交织的水权利益圈，前者以渠系、村落为基点，后者则以家族为中心，也是水权保护的具体形式。历史上山西介休洪山泉围绕水利庙宇形成了一套水管理的祭祀和水权见证的权威体系、政府对民间水册水簿的认可，前近代山西翼城滦池的神灵信仰与祭祀、"竖碑立传"、民间传说等，同样表征着水权保护的努力。湘湖管理有严格的监督与制裁规则，通过对湘湖治水先贤的祭祀塑造社会规范，并修志勒碑强化用水秩序，已实现水权保护的目的。明清时期松古灌区，地方政府通过颁布用水榜文、碑刻，强化水权保护功能。

3.3.3　水权交易

在中国传统观念中，水资源是公共资源，任何人不得据为己有，而且水权是附属于地权的，不能单独买卖。从唐代到明清时期，国家都明文规定禁止水权交易。如明万历十六年（1588 年）《介休县水利条规碑》载：

> 汾州介休县为严革宿弊，均水利以息争端，以遂民生事。……欲将查出有地无水，原系水地而从来不得使水者，悉均与水程有水无地，或原系平坡碱地篡改水程，或无地可浇甚而卖水者，尽为改正厘革。唯以勘明地粮为则，水地则征水粮，虽旧时无水，至今以后例得使水。平地则征旱粮，虽旧时有水，今皆革去，以后并不得使水。不论水契有无，而唯视其地粮多寡，均定水程，照限轮浇。日后倘有卖水地者，其水即在地内，以绝卖地不卖水，卖水不卖地之夙弊。❶

清宣统《泾阳县志》载：

> 甚有私卖、私买、徇情渔利等……倘有抗违，立

---

❶ 黄竹三，冯俊杰，等 . 洪洞介休水利碑刻辑录 . 北京：中华书局，2003。

即重贵、枷号，并随时稽查，此渠之水私自卖与彼渠，此斗卖与彼斗，得钱肥己者，此为卖水之蔽，犯者照得钱多寡加倍充缴归公。更有将本渠应受之水，或同水已敷用，让与他人浇灌，俗为情水，此系彼此通融。虽无不合，究系私相授，易滋流蔽，犯者亦照章罚麦五斗。❶

因此，水权交易一般遵循"地水结合、水随地走"的原则。如甘肃永昌县康熙六十一年（1722年）周文学、周文举杜绝卖庄田房屋永远契：

　　立永远杜绝卖庄房田地书契人周文学、（周文）举因乏使用，今将自己祖置 中坝所下周文玉田地一角，承纳官粮壹石贰合五抄并草，随地水叁个时辰，庄内房西南壹角土房底间，上堂屋西南半间，门窗俱全，大圈壹个，随带门壹合，小圈壹个，前后道路通行，庄外漠池壹角，西南白杨树伍棵、坟园树壹棵在外。

　　兄弟商议，央中说合，情愿绝卖于张世俊名下，永远居住布种为业，同中得受卖价系银壹百两整。除酒食画字银在外，当交无欠，不少分文。其地上段南至本坝，北至下横沟，东至周文英地直垦（埂），西至王定国地。中段庄北面菜地壹块。下段南至本地斜沟，北至大北坝，东至周文英地直沟，西至王定国地，四至分明。自卖之后，葛藤根断，永无缠绕。此系文学兄弟自

---

❶ ［清］宣统《泾阳县志》卷四，中国方志丛书，成文出版社有限公司，1969。

己情愿，并无准折逼勒等弊，日后若有房族人等争论者，文学兄弟一面承当。恐后无凭，立此永远杜绝卖文契存照。

周文学

康熙六十一年十月十九日立永远杜绝卖契书人

周文举

同中人（略）

中书人　　柴映秀❶

内蒙古土默特嘉庆二十五年（1820 年）捏圪丰约：

立出租地文约人捏圪丰，今因差事紧急，无处辗转，今将自己云社堡村祖遗户口白地一顷、随水一俸二厘五毫，情愿出租于杨光彦□□耕种为业，同众言定，现使过押地钱四十八千零七十文整，其钱当日交足，并不短欠，每年秋后出租地地普儿共钱七千五百文，同众言定，许种不许夺，地租不许长支短欠，不许长迭，日后若有户内人等争夺者，有捏圪丰一面承当，恐口无凭，立约为证用。

嘉庆二十五年正月初七日立

合同约一纸

毛不陆十、顾清十、八十六十、哈不计十 中见人❷

---

❶ ［清］康熙六十一年《周文学、周文举绝卖庄田房屋永远契》，收藏于甘肃省永昌县档案馆。

❷ 铁木尔. 内蒙古土默特金氏蒙古家族契约文书汇集. 北京：中央民族大学出版社，2011。

甘肃河州光绪三十二年（1906年）焦廷澜立当水地契：

  立当水地契文焦廷澜，因为使用不便，今将祖遗水地半分，坐落中滩，其地四至：东至大路，南至焦法兴地埂，西至中路，北至焦得珠地埂为界，四至分明，大小树株在内；其地额粮随地完纳，随代中车五股水一分二厘半，轮流浇灌。车上所费人工饭食、大修业主所出；补修，当主所出。央中说合，情愿当与焦法苍名下耕种为业。同中言明，此地当价文〔纹〕银二十两整，即交无欠。自当之后，有银抽赎，无银（照）常年耕种。恐后无凭，立此当约存照。

    光绪三十二年三月初二日立约人 焦廷澜

         说合中人 焦法虞

         书契人 焦法善❶

  尽管地水分离的水权交易历来受到官方打压和禁止，但实际上明清时期山西、关中、内蒙古等地已经存在脱离地权的水权交易。明万历十九年（1591年）《介邑王侯均水碑记》记载：

  历经二百余年，承平既久，民伪日滋，始有卖地不卖水、卖地不卖水之弊。故富者买水程，而止纳平地之粮；贫者耕荒垄，而尚供水地之赋。年复一年，民已不堪。迨万历九年奉例丈地，奸巧之徒改立契券，

---

❶ 甘肃省临夏州博物馆.清河州契文汇编.兰州：甘肃人民出版社，1993。

第3章 乡村社会历史水权研究

任意兼并，以致赔纳之家，倾资荡产无所控。吁！初为民间美利，今为民之大害矣。纷争聚讼，簿牒盈几。❶

清嘉庆《介休县志》载：

> 水利所在，民讼罔休。宋文潞公始立石孔，分为三河……计地立程，次第轮转，设水老人、渠长，给予印信簿籍。开渠始于三月三日，终于八月一日。岁久弊生，豪家往往侵夺。嘉靖二十五年，知县吴绍增修筑堤防，厘正前法。其后又有卖水买水之弊。隆庆元年，知县刘旁将现行水程立为旧管新收，每村造册查报，讼端少息。而又有有地无水、有水无地之病。万历十五年，知县王一魁通计，地之近水者若干，务使以水随地，以粮随水，立法勒碑，甚为详悉。❷

到清代后期，水权交易已经较为普遍，《清峪河各渠记事》水权脱离地权而单独转让的情况：

> 源澄渠旧规，买地带水，书立买约时，必须书明水随地行。割食画字时，定请渠长到场过香。亦扯开某利夫名下地若干、水若干、香长若干，各执据以为凭证；收某利夫名下地若干、水若干、香长若干，各执据以为凭证。不请渠长同场过香者，即系私相授

❶ 黄竹三，冯俊杰，等．洪洞介休水利碑刻辑录．北京：中华书局，2003。
❷ ［清］嘉庆《介休县志》卷二，中国方志丛书，成文出版社有限公司，1976。

受，渠长即认卖主（为）正利夫，而买主即以无水论。故龙洞渠有当水之规，木涨渠有卖地不带水之例，而源澄渠亦有卖地带水香者，仍有单独卖地亦不带水香者。故割食画字时，有请渠长同场过香者，亦有不请渠长同场过香者。请渠长同场过香者乃是水随地行，买地必定带水。不请渠长者，必是单独买地，而不带买水程也。故带水不带水之价额，多少必不同也。❶

康熙四十二年（1703年）山西河津《合约碑》，记载干涧村与固镇村水权买卖合约：

> 立公议合约人，干涧渠长史日煊、延越等，固镇里渠长刘国璜、原明才等，先年水利一事，彼此相亲相爱，曾无间隙。乃缘日久人心不古，是以隔绝。今两村欲复旧例，彼此仍前相为。如水利固镇日期，水果系走失，在固镇不得借水妄生枝节于干涧。倘固镇有余水，干涧买时，照依时价，自先卖于干涧。如不用，固镇卖于别村，干涧亦不得阻挡渠路。于固镇自合约之后，永归于好。如一家反目到官，不许说理，并罚白米十石，恐后无凭，和同约照。
>
> 康熙四十二年五月初七日立合约人
> 干涧渠长 史日煊 延越

第3章 乡村社会历史水权研究

---

❶ 刘屏山. 清峪河各渠记事簿//白尔恒，蓝克利，魏丕信. 沟洫佚闻杂录. 北京：中华书局，2003。

固镇渠长 刘国璜 原明才❶

乾隆三十四年（1769 年）介休宋贤侯卖水程契：

立卖地水文契人张氏同男宋贤侯今因为作业不便，今将自己原分到本村南门外刘屯道西平地一段，系南北畛共计一亩，狐村河九程水一亩。南至宋奇文，北至真德，东至大道，西至宋贤敖、宋贤忠。四至明白，上下金土石木相连。共地、水二宗，同中人韩成龙等说和议定。时值死价银五十五两整，出卖与李耳名下永远作业管业。同中人其纹银当日交足两清，并无短欠争差。若有亲族人等谈言异争论，尽在卖主一面承当，不与买相干。恐后无凭，立此永远卖契为照。随认到地水秋粮八升一合，东北房甲完纳。

乾隆三十四年十二月二十六日立卖地水文契人 张氏同男宋贤侯

同中人　韩成龙

代笔　宋奇凤

乡耆　宋述圣

约保　宋邦荣、宋智

业户李耳买田价银五十五两，税银一两六钱五分，布字柒百肆拾玖号，右给业户李耳准此。

乾隆三十四年十二月廿二日发　介休县❷

❶ 张学会. 河东水利石刻. 太原：山西人民出版社，2004。

❷ ［清］乾隆三十四年《介休宋贤侯卖地水文契》，收藏于山西大学中国社会史研究中心。

内蒙古土默特乾隆五十六年（1791 年）张木素喇嘛约：

立租水约人张木素喇嘛，今租到什不吞水半分。同
人言定，租钱七钱五分。以良店合钱，使钱三千整。许
用不许夺，秋后交租。如交不到，许本主人争夺。恐口
无凭，立租约存照。

乾隆五十六年九月廿五日

中见人 王开正 水圪兔 范士珍 ❶

内蒙古土默寡妇莲花同子伍禄户约：

立租水约人寡妇莲花同子伍禄户二人，因为无钱使
用，情愿将自己水半分租与张惟前使用。每一年出租钱
七百五十文。现使押水钱二千文。不许争夺，永远使
用。立约存照用。

乾隆六十年二月廿五日

中见人 郭世英 那速儿 武慧章 那旺 绥克图

嘉庆二十三年（1818 年），尔登山与范德耀等人订立水约。
具体内容如下：

立推水文约人尔登山，今将自己蒙古水一昼夜情
愿推与范德耀、刘永兴、刘通、张承德、刘永琦、刘
仰风、刘永德、色令泰、范瑛各等名下开渠使用。同

---

❶ 云广. 清代至民国时期归化城土默特土地契约（第 4 册上卷）. 呼和浩特：内蒙
古大学出版社，2012。

众亲手使过清钱五十七千文整，其钱分毫不欠，每年打坝，有坝水银四两以八合钱。自推之后，如有蒙古民人争夺者，尔登山一面承当。恐后无凭，立推水约为证。

嘉庆二十三年十月十五日立

中见人 杨明昱 高培基❶

现存于山西省介休县洪山源神庙的光绪二十六年（1900年）《合约》碑，记载东河十八村与张兰镇签订的卖水合约：

立合约人东河十八村水老人张兴廉、张立常同渠长、张兰镇培原局经理人张凤麟等情，因奉张兰军宪朱公祖谕令，东河各村腊、正余水，牌内无人使用，每到腊正月，卖与张兰镇使用。每一时水价少至五百文为止，大至八百文止。倘牌内有人买，则先尽牌内；无人所买，卖与张兰镇使用。倘日期过多，恐淹坏各村河道，张兰修理渠边地亩，或夏或秋，按收成赔补。以下不准买时辰上牌，下年若有余剩，可卖浇灌里田。两造别无说词，已公禀军宪存案，立此合约一样两张，各执一张合约为据。

自杨屯以下，入张兰新渠以上，借用七村公渠行水。

东河值年水老人张兴廉　张立常

---

❶ ［清］嘉庆二十三年十月十五日《尔登山推水约》，收藏于内蒙古土默特左旗档案局。

渠长等马道原　黄立戎　黄泳琳　王恩纶

张兰镇培原局经理人张凤麟同立。

光绪二十六年十月初九日❶

　　在古代中国，水权包括水资源使用权、收入权，一般不包括转让权。因此，水权通常是伴随着地权交易而转移的，即所谓的"地水结合、水随地走"原则。在土地交易中，水资源的价值也包含在土地价格中，水地的价格比旱地高。不同土地需要缴纳的田赋也有不同，差额部分其实就是水权费。清嘉庆《介休县志》记载明代永乐年间土地按征粮定额分6个等级，其中"上等稻地每亩征粮粳米八升一合，每石折银一两六钱九厘，征银每亩九厘，每石加驿站银七分二厘，遇闰每石加银一厘；上次等水田每亩征粮八升一合，每石折银九钱六分五厘，征银每亩九厘；中等平地征粮六升，征银每亩九厘。"❷ 嘉庆九年（1804年）岳翰屏在《清峪河源澄渠始末记》中记载了不同土地等级、每亩用水定额和所需缴纳粮赋，其中上水地每亩粮赋为5.85升，中水地为5.55升，下水地、旱地分别为5.25升、4.16升。❸

　　独立于地权的水权交易从明清时期开始出现，到清代后期已经比较普遍。水权主体可以是集体或个人，有集体-集体、集体-私人、私人-私人等不同类型的交易方式。官方对私人水权交易

---

❶　黄竹三，冯俊杰，等．洪洞介休水利碑刻辑录．北京：中华书局，2003。

❷　［清］嘉庆《介休县志》卷四，中国方志丛书，成文出版社有限公司，1976。

❸　刘屏山．清峪河各渠记事簿//白尔恒，蓝克利，魏丕信．沟洫佚闻杂录．北京：中华书局，2003。

的态度，从经历了从禁止到默许再到认可的过程。● 明清时期特别是清代人口增长很快，推动了灌溉农户数量的激增，土地资源和水资源的利用强度增加，加剧了水资源的稀缺性，水资源价值提升。明清时期实行水册制，不仅是临时的用水授权证书，而是逐渐演变成一种长期稳定的产权凭证，计量分水和定额分水进一步加强了水权的稳定性，这些为水权交易创造了条件。● 将用水额度与一定地块的关系固定，有利于权利关系的明确；但随着时间的推移，土地权属关系的变化以及农业作物的不同选择，土地与所需灌溉用水量的关系发生变化，导致地多水少或地少水多的情况出现，对水权交易有现实的需求。明清时期，乡村层面的自治权得到进一步扩展，国家对水利的管理由微观层面变为宏观层面，退出了对基层水利事务的具体管理，推动了民间灌溉组织的发展。因此，随着水资源价值的提高和水权的稳定，明清时期官方一般禁止的水权交易在实际中不断发生。在保证国家赋税征收情况下，民间自治的管理成本相对更低，因此官方对水权交易的态度也发生着变化。

3.4 本 章 小 结

通过理论阐述和实证分析，本章可得出以下主要结论和

● 张俊峰. 清至民国山西水利社会中的公私水交易：以新发现的水契和水碑为中心. 近代史研究，2014（5）：56-71。

❷ 董雁伟. 水权制度演进与明清基层社会：以云南为中心. 思想战线，2022，48（5）：118-128。

启示。

"资源匮乏说"或"产权不清说"不能解释明清时期水权纠纷频繁现象。本书的解释是：随着水资源稀缺程度的提高，人们争夺水资源的意愿会增强，若原有的治理机制不能有效约束这种竞争，就需要进行制度变革以适应情况的变化，而如果缺乏强有力的干预或激励，且制度变革的成本高于所带来的收益，新的治理机制就不会内生形成，对人们竞争水资源的行为约束不足，因此，水权纠纷就会增多。历史时期地方社会围绕水资源开发、利用的诸多现象，可以从水权界定、水权实施和水权保护的视角进行解读。水权界定的方式各有不同，还需在具体实施中体现，而各种组织和用水规则建立是为了降低产权实施的成本。产权的界定和实施必须得到社会的认同，才能真正有效，国家法律法规等正式制度和民间的非正式制度安排，都是水权保护的具体形式。明清时期人口迅速增加，水资源稀缺性提高，水册制带来的水权稳定为水权交易创造了条件，由此水权交易日趋增多；而国家对水利管理方式的转变推动基层自主治理，也影响了官方对水权交易的态度。

"产权的社会学视角"可视为社会学界对经济学产权理论解释力的质疑，有助于对具体情境下产权概念的理解。但同时也体现了社会学家对经济学产权概念的误解，"占有""关系产权""复合产权"等概念的提出，可能是将理论复杂化的"名词创新"。理论的取舍在于是否更加一般化，或者同样解释力的情况下更加简洁，而这些基于中国本土情境下的理论创新并没有做到。中西方社会存在诸多差异，运用产权理论解释中国社会现象确实需要审视理论的适用性，不能生搬硬套。但若就此提出独特的产权概念或理论，实现所谓的理论本土化，则需要格外谨慎。

理论应该是普适性，只是具体约束条件各有不同，并不存在所谓本土化的产权理论。中国社会的传统文化积淀相当深厚，加之40多年的改革开放实践，有许多现象尚未得到合理的理论解释，现有的主流理论未必能适用于中国实际。因此，基于中国现象对现有的理论进行修正完善，甚至创建新的原创性理论，是大有可为的。

第 4 章

乡村水利共同体治理研究

4.1　引　言

关于水利共同体的讨论，是近年来中国水利社会史研究中备受瞩目的一个话题。早在 20 世纪中叶，日本学界就开始对水利共同体进行研究，并曾围绕"中国是否存在水利共同体"问题展开了激烈的争论。近年来国内学者探讨水利共同体，并对其进行反思，且具有超越"水利共同体论"的学术意识。❶ 水利共同体这一概念指向的现象究竟是什么，试图提出的科学问题又是什么？本章拟重新审视水利共同体概念，在回顾已有研究的基础上，聚焦公共水资源使用面临的集体行动问题，借鉴社会–生态系统框架，探讨历史时期乡村水利社会的治理成效及其关键因素。

4.2　文　献　回　顾

水利共同体的研究肇始于日本学界，是开展中国水利史研究的一个重要概念。20 世纪 50 年代起，一批日本学者提出"水利共同体"这一概念，并在《历史学研究》期刊上发表了系列文章。丰岛静英的《中国西北部的水利共同体》一文掀起了

---

❶ 张俊峰.明清中国水利社会史研究的理论视野.史学理论研究，2012（2）：97 – 107。

热潮，该研究以绥远、山西等地为例，阐述了水利共同体特征：水利设施共有、耕地私有，灌溉成员资格和义务明确，在各自田地量、用水量、夫役费用等方面形成紧密联系，即地、夫、水之间形成有机的统一。❶ 由此引发热烈争论，江原正昭、宫坂宏、好井隆司（好並隆司）、前田胜太郎（前田勝太郎）、森田明、今堀诚二、石田浩等学者刊发了相关论文。❷ 此后，日本学者围绕"是否存在水利共同体"、"水利共同体的形成与发展过程"等展开讨论。❸ 森田明进一步阐述水利共同体理论，分析明清时期水利共同体的特征，并以地权集中、大土地所有制解释水利共同体的解体。❹ 后又根据浙江、江西等地的实地调研，指出地、夫、钱、水的平衡关系是水利共同体有效运行的基础，并认为明末清初中小地主的衰落与乡绅土地所有制的发展，造成田地

78

❶ 丰岛静英. 中国西北部にぉける水利共同体について. 歴史学研究，第 201 号，1956：23－35。

❷ 江原正昭. 中国西北部の水利共同体に関する疑点. 歴史学研究，第 237 号，1960：48－50；宫坂宏. 華北における水利共同体の実態：中国農村慣行調査第 6 巻水編を中心として-上，歴史学研究，第 240 号，1960：16－24；宫坂宏. 華北における水利共同体の実態：中国農村慣行調査第 6 巻水編を中心として-下. 歴史学研究，第 241 号，1960：23－29；好並隆司. 水利共同体に於ける"鎌"の歴史的意義：宫坂論文についての疑問. 歴史学研究，第 244 号，1960：35－39；前田勝太郎. 旧中国における水利団体の共同体的性格について：宫坂・好並両氏の論文への疑問. 歴史学研究，第 271 号，1962：50－54；森田明. 福建省における水利共同体について. 歴史学研究，第 261 号，1962：19－28；今堀诚二. 清代の水利団体と政治権力. アジア研究，第 10 号，1963：1－22；石田浩. 華北における"水利共同体"論争の一整理. 農林業問題研究，第 54 号，1979：34－40。

❸ Elvin M, Nishioka H, Tamura K, et al. Japanese Studies on the History of Water Control in China：A Selected Bibliography. Canberra：Institute of Advanced Studies, Australian National University, 1994.

❹ 森田明. 明清时代の水利団体：その共同体的性格について. 历史教育，第 9 号，1965：32－37。

与夫役、经费之间未能统一，是水利共同体解体的基本原因。❶
长濑守论述了宋元水利机构和农田水利技术状况、中原及江南的
水利工程等，提出"水田社会"的概念。❷ 森田明认为围绕水利而
形成之地域社会的各种问题，应与政治、社会、经济等发生关联，
从而作所谓水利社会之历史的探讨。❸ 滨岛敦俊针对明清长江三角洲
水利和徭役的研究，表明没有找到以水利为中心的共同体关系或组
织，并将研究转向更为丰富多元的水利社会层面。❹

受日本学界的启发，国内学者也开始关注水利共同体。成岳
冲分析了宋元时期宁波水利共同体的变迁。❺ 萧正洪探讨传统社
会关中地区农民对灌溉用水的高效利用，认为关键原因在于形成
了具有内部认同感、特定行为规范和共同利益的乡村水利灌溉共
同体；并进一步分析该共同体内的产权边界、进入许可、利益分
配、维护和有偿使用等规则。❻ 陆敏珍探讨了 8—13 世纪宁波地
区的水利建设与区域社会的关系，认为该地区政府与地方势力对
水利事务进行管理，形成一个紧密的水利共同体。❼ 行龙考察晋
水灌溉区 36 村水神祭祀系统，揭示水神祭祀背后的不同水利共

---

❶ 森田明. 清代水利社会史研究. 郑樑生，译. 台北：台湾编译馆，1996。

❷ 长濑守. 宋元水利史研究. 国書刊行会，1983。

❸ 森田明. 清代水利社会史的研究. 日本东京国书刊行会，1990，该书繁体中文版于
1996 年由台湾编译馆出版；森田明. 清代の水利と地域社会. 日本福冈中国书店，2002，该
书简体中文版于 2008 年由山东画报出版社出版。

❹ 滨岛敦俊. 明清江南农村社会与民间信仰. 朱海滨，译. 厦门：厦门大学出版社，
2008。

❺ 成岳冲. 浅论宋元时期宁波水利共同体的褪色与回流. 中国农史，1997（1）：
10 - 14。

❻ 萧正洪. 传统农民与环境理性：以黄土高原地区传统农民与环境之间的关系为
例. 陕西师范大学学报，2000（4）：83 - 91。

❼ 陆敏珍. 8—13 世纪宁波地区水利建设与区域社会体系构造//包伟民. 浙江区
域史研究. 杭州：杭州出版社，2003。

同体对于水资源的激烈争夺与冲突，透视明清以来当地人口、资源、环境状况日益恶化下的社会生活。❶ 钞晓鸿通过对清代关中水利的研究，发现地权分散也会导致水利共同体解体，指出要解释水利共同体解体必须结合自然、技术、社会环境来分析。❷ 钱杭阐述湘湖水利共同体的制度基础"均包湖米"，并以"共同利益"为核心范畴的共同体理论作为分析工具，剖析湘湖水利集团的结构框架、成员资格及用水权以及集团排他性。❸ 谢湜认为水利共同体的结构分析模式限制了水利社会史研究的时空尺度，❹ 鲁西奇研究明清时期江汉平原的围垸，提出"垸"不仅仅是水利设施，也是地域社会单元的基础，进而发展成为"垸"为单位的水利共同体。❺ 李晓方、陈涛探讨明清时期"山会萧"（山阴、会稽、萧山）水利共同体在实际运作过程中的矛盾与困境所在。❻ 何彦超、惠富平的研究指出，明清时期莆田出现官民合办的农田水利管理模式，跟各灌区内水利共同体有密切关系。❼

  日本学者利用共同体概念，遵循"具有共同价值观念的社会组合方式"这一思路，应用在水利场景中构建水利共同

---

❶ 行龙. 晋水流域 36 村水利祭祀系统个案研究. 史林，2005 (4)：1-10。

❷ 钞晓鸿. 灌溉、环境与水利共同体：基于清代关中中部的分析. 中国社会科学，2006 (4)：190-204。

❸ 钱杭. "均包湖米"：湘湖水利共同体的制度基础. 浙江社会科学，2004 (6)：163-169；钱杭. 共同体理论视野下的湘湖水利集团：兼论"库域型"水利社会. 中国社会科学，2008 (2)：167-185。

❹ 谢湜. "利及邻封"：明清豫北的灌溉水利开发和县际关系. 清史研究，2007 (2)：12-27。

❺ 鲁西奇. 明清时期江汉平原的围垸：从"水利工程"到"水利共同体"//张建民，鲁西奇. 历史时期长江中游地区人类活动与环境变迁专题研究. 武汉：武汉大学出版社，2011：348-439。

❻ 李晓方，陈涛. 明清时期萧绍平原的水利协作与纠纷：以三江闸议修争端为中心. 史林，2019 (2)：88-99。

❼ 何彦超，惠富平. 官民合办：明清时期莆田地区农田水利管理模式. 西北农林科技大学学报（社会科学版）2019，19 (5)：140-147。

体概念，将地、夫、钱、水有机结合构成水利共同体存续的基本原理，归结到用水权利与义务的统一是水利共同体有序运行的核心机制。应该说上述关于分析水利共同体的逻辑思路是清楚的，且自成体系，有一定的说服力。但是，该分析一定程度上混淆了概念与理论的区别，对于水利共同体的概念界定容易让人产生误解，以为符合"地、夫、钱、水有机结合"及"用水权利与义务的统一"的才是水利共同体。故而导致后续研究多纠结于"是否有水利共同体"的探讨中，而忽视更为重要的议题。诚如钱杭所言，不必在实际生活中去刻意寻找共同体，而是把握住共同体理论的核心范畴——共同利益❶。但实际上，水利共同体议题的核心是"水资源的公共使用"，而且对于各利益相关者而言并不一定能形成共同利益。因此，问题的关键并不在于论证是否具有"共同利益"，而是在于解释历史上发生的现象：为什么有些群体能成功解决水资源公共使用问题，而有些却失败了？也就是要分析公共水资源使用面临的集体行动问题。萧正洪、钞晓鸿、钱杭的研究某种程度上涉及了这方面的回答，在这个意义上超越了日本学者的研究思路。但是他们的研究旨趣似乎并不在于构建水利共同体理论上，没有再深入探讨这一颇具理论价值的议题，而是把研究转向水利社会范畴。但是，水利社会相对于水利共同体是研究范畴的拓展，在理论层面并不构成所谓的"超越"。因此，很有必要从"是否存在水利共同体"的问题中摆脱出来，聚焦历史时期乡村社会如何面对"公共水资源使用的集体行动问题"，探讨其治理成效及其关

---

❶ 钱杭. 共同体理论视野下的湘湖水利集团：兼论"库域型"水利社会. 中国社会科学，2008（2）：167-185。

键因素。

4.3 社会-生态系统框架

　　社会-生态系统框架最初是应用于公共池塘资源管理情境而设计的，在此情况下，资源用户从资源系统中提取资源单位，在相关生态系统和社会-政治-经济环境中，通过治理系统确定的规则和程序来维护该系统。后经拓展和发展，可应用于分析一般的公共资源。社会-生态系统框架是由多个层级变量所组成的一般性分析框架，如图 2.1 所示。❶ 在该框架内，资源系统、资源单位、治理系统、行动者共同影响着在一个特定行动情境中的互动过程和结果，上述变量又嵌入于相关生态系统和经济、社会、政治背景中并受其影响。

　　水利社会研究是将水作为一个切入点，从水的相关问题出发，"勾连起土地、森林、植被、气候等自然要素及其变化，进而考察由此形成的区域社会经济、文化、社会生活、社会变迁的方方面面"。❷因此，可借鉴社会-生态系统框架，构建水利社会的分析框架。❸ 基于此分析框架，研究者可以根据具体现象和问题，识别并选择该系统框架里的相关变量形成理论假说。水利共同体研究关注特定环境下的基层灌溉系统，分析不同

McGinnis M D, Ostrom E. Social-ecological system framework: Initial changes and continuing challenges. Ecology and Society, 2014, 19 (2): 30－41.

❷　行龙."水利社会史"探源：兼论以水为中心的山西社会. 山西大学学报，2008 (1)：33－38.

❸　具体可参见本书第 2 章表 2.1。

灌溉模式下的集体行动问题，探究地方社会发展出什么样的治理系统，以应对制度供给、可信承诺和相互监督等难题，探讨利益相关者的特征及互动，以及水利共同体的治理成效及其关键因素。下文运用基于社会-生态系统的水利社会分析框架，对湘湖、东钱湖、通利渠等水利系统进行分析，探讨影响其治理成效的关键因素。

4.4　湘湖灌区的社会-生态系统分析

湘湖❶位于浙江杭州萧山西部，处于中部海湾堆积平原，西、北依钱塘江，南靠浦阳江，东有西小江，被这三条江河所包围。湘湖邻近地区近似平行地分布着几列西南—东北走向的丘陵，偏西一列由回龙山、冠山构成；第二列包括紧靠湘湖西岸的老虎洞山、美女山、狮子山、越王城山；第三列有碛堰山、虎爪山和湘湖东岸的 石岩山、背排山、柴岭山、西山；最东一列是太平山、青化山、越王峥等。以上丘陵之间，分布着几片狭窄的洼地，成为天然的积水区域。❷ 萧山属于亚热带季风气候，平均年降水量为 1346.5 毫米，但降水季节分布不均，3—6 月的春雨、梅雨和 9 月的台风雨，是全年两个雨季，降水强度大，暴雨频率高，极易引起洪涝。而 7、8 月夏秋之交，降水少，气温高，又易引起旱灾。❸《湘湖水利志》载：

---

❶　民国十四年（1925 年）周易藻著《萧山湘湖志》卷一"自序"："湘湖之名不知何所取义。钱宰《湘阴草堂记》云：邑人谓境之胜若潇湘，然因名之。他书无所考证，姑存其说"。民国十六年（1927 年）周氏铅印本。

❷　侯慧粦. 湘湖的形成演变及其发展前景. 地理研究，1988，7（4）：32-39。

❸　侯慧粦. 湘湖的自然地理及其兴废过程. 杭州大学学报，1989，16（1）：89-95。

萧山土硗而水渫，雨则暴涨，稍乾嘆则渠港皆坼。躲西二里许有高阜，在西山之陮，距隔阜、菊花褚山相去越二里，而東西灾束如胡同。然每春夏多雨，山水流䲧，漫舞所潴；既不可以葵植，而一曹秋嘆则中高外脊，望如蒿蕴，真薰田也。❶

湘湖地区古时为浅海湾，是上游富春江与浦阳江的入海口。海退之后，泥沙沉淀，海湾底部抬高，海湾逐渐演变成为江湾。后经钱塘江与浦阳江所携带泥沙的堆积，湘湖的北侧和西侧淤涨成陆，成为一个潟湖，"湘湖旧地，从海湾演变到江湾，由江湾演变到潟湖，全程用了近 3000 年时间。"❷ 至唐中后期，已变成一个内陆淡水湖，名为西城湖。至五代时湮废成为一片沼泽地。❸ 北宋熙宁年间（1068—1077 年），县民殷庆等请筑湖：

县民殷庆度通县之地，此为颇高可以下注。而东南两山蜿蜒如长堤，天然捍蔽，惟北、南山尽处横亘以塘，即巨浸也。春夏山雨下，可以蓄水，而秋嘆即泄溉之。以数万亩易潴之田救十余万亩祧裂不镒之地，似乎较便。因具状奏闻请筑为湖。时神宗皇帝颇留心水利，已可其奏。下本县会议时，富民多游移不能画一，而令

---

❶ ［清］毛奇龄.《湘湖水利志》卷一，四库全书存目丛书史部第 224 册，齐鲁书社，1996。

❷ 陈志富. 萧山水利史. 北京：方志出版社，2006。

❸ 黄强. 萧绍平原河湖水利体系变迁与湘湖兴废之关系研究（1112—1927 年），上海师范大学，2013。

其地者又惮于任事，遂不决而罢。❶

大观年间（1107—1110 年），县民们再次提出筑湖建议，也没有成功。政和二年（1112 年），杨时任萧山县令，听取乡民的意见，率百姓筑湖：

> 集耆老会议，躬历其所，相山之可依与地之可圩者，增庳补陿，但筑两塘于北南。一在羊骑山、历山之南，一在菊花西山之足，两相拦筑，其潴已成。大约周八十余里，通计其田有三万七千零二亩，统以为湖，用以溉由化等乡诸田得一十四万六千八百六十八亩有奇。❶

4.4.1　资源系统

湘湖由北宋徽宗政和二年（1112 年）时任萧山县令杨时推动修成，面积约 3.7 万亩，周长 82.5 里，长约 19 里，宽 1～6 里不等（图 4.1）。湘湖以山体为东西两侧的自然堤防，南北两侧各筑堤塘。清康熙十年（1671 年）《萧山县志》记载：湘湖塘，治西二里，跨夏孝、长兴、安养诸乡，周围八十余里。❷ 嘉庆《湘湖考略》载：

> 上湖自杨岐山迤南过亭子头，转东而北至糠金山，计五里许，筑塘八百一十余丈。逾糠金山而北则为童家

第 4 章　乡村水利共同体治理研究

---

❶ ［清］毛奇龄.《湘湖水利志》卷一，四库全书存目丛书史部第 224 册，齐鲁书社，1996。

❷ ［清］康熙《萧山县志》卷十一，中国方志丛书，成文出版社有限公司，1983。

湫，从此过小湖庙而东，则为岭头田，迤东北至石岩，计二里许，筑塘三百四十余丈。下湖自城西石家湫至菊花山，计二里许，筑塘三百五十余丈。❶

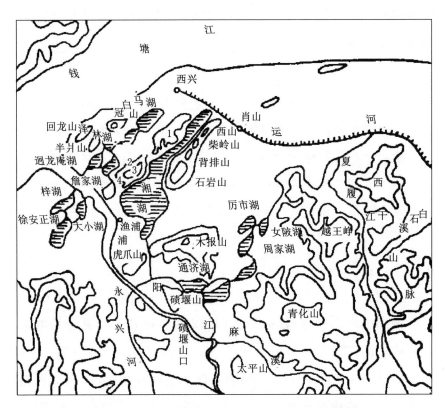

图 4.1　北宋后期湘湖及其附近地区示意图❷

1—越王城山；2—狮子山；3—美女山；4—老虎洞山

湘湖共有 18 个放水闸口（霤穴），其中南岸 11 穴：石岩穴（石岩斗门）、黄家湫、童家湫、风林穴、亭子头、杨岐穴（羊骑山穴）、许贤霤、历山南、历山北、河墅堰、柳塘；北岸 7 穴：石家湫、东斗门、横塘、金二穴、划船港、周婆湫、黄家霤（图 4.2）。

---

❶　［清］於士达.《湘湖考略》，清道光二十七年（1847 年）学忍堂补刊本，上海图书馆藏。

❷　侯慧粦. 湘湖的形成演变及其发展前景. 地理研究，1988，7（4）：33。

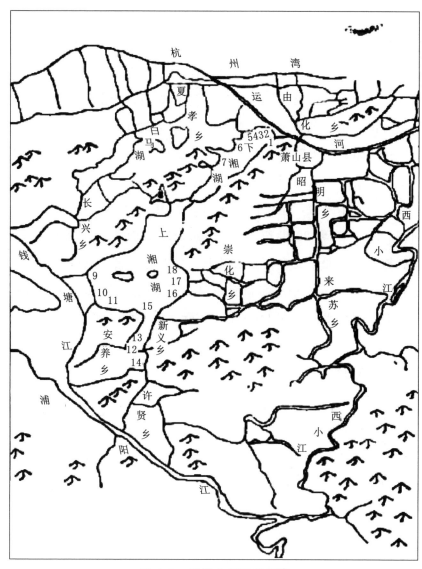

图 4.2　湘湖水利示意图❶

1—石家漱；2—东斗门；3—金二穴；4—划船港；5—周婆漱；6—横塘；7—黄家漱；
8—柳塘；9—河野堰；10—历山北；11—历山南；12—杨岐穴；13—亭子头；
14—许贤霍；15—风林穴；16—童家漱；17—黄家霍；18—石岩穴

第4章　乡村水利共同体治理研究

❶　侯慧舜. 湘湖的形成演变及其发展前景. 地理研究, 1988, 7 (4): 34; 萧邦齐. 九个世纪的悲歌: 湘湖地区社会变迁研究. 姜良芹, 全先梅, 译. 北京: 社会科学文献出版社, 2008; 钱杭. 库域型水利社会研究. 上海: 上海人民出版社, 2009。

湘湖一带属于亚热带季风气候，降水季节分布不均，导致洪涝干旱频发。湘湖的主要功能是蓄洪灌溉，湖水主要来自春夏两季所积雨水和山洪。湘湖初创时，灌溉范围只及萧山县内崇化等八乡，及至南宋乾道（1165—1173 年）中期，加上许贤乡后，始扩至后世所统称的九乡。秋旱时，湘湖通过 18 个放水闸口，灌溉崇化、昭名、来苏、安养、长兴、新义、夏孝、由化、许贤九乡 14.68 余万亩水田。❶ 自明代中期始，湘湖灌溉功能有所弱化，湖域面积开始缩减，至民国四年（1915 年），实测周长 52 里余，面积 22042 亩。❷ 20 世纪 50 年代初，湘湖面积约 1 万亩左右，湖底高程（吴淞）大多在 5 米以上，基本已失去对周围农田调蓄水利的作用。1966 年，湘湖面积仅存 3040 亩，到 20 世纪 80 年代中期，湘湖水面仅存 1460 亩，实际上就剩两条河道。

4.4.2 治理系统

宋代地方政府设有官员负责水利事宜，各路由提举常平使负责，各州由通判负责，各县就由县丞负责。朝廷对县丞的职责一直有明确要求："熙宁之初，修水土之政……如陂塘可修、灌溉可复、积潦可泄、圩堤可兴之类……县并置丞一员 ，以掌其事。"❸ "诸道每于农隙，专令通判严督所属县丞，躬行阡陌，博访父老，应旧系沟洫及陂塘去处，稍有堙，趣使修缮，务要深阔。或有水利广袤，工费浩瀚，即申监司，别委官相视，量给钱米。

---

❶ [清]毛奇龄.《湘湖水利志》卷一，四库全书存目丛书史部第 224 册，齐鲁书社，1996。

❷ [民国]陈恺.《湘湖测量报告书》，民国四年（1915 年）浙江水利委员会印本。

❸ [宋]范质、赵普等.《宋会要·职官·县丞》，续修四库全书本史部第 779 册，上海古籍出版社，2002。

如法疏治，毋致灭裂。"❶ 明清时期，典司为萧山水利方面的专管人员，"委典史邹仲和踏勘湖岸周围里数"，❷ "修筑塘堤，系典史专司，每至立秋后三日，各霾洞次第开泄，不容紊越。"❸ 清康熙五十八年（1719年），在查处水利衙典史冯恺经贿泄湘湖案后，湘湖水利由"委县丞专司责成，典史不得干预"。❸

湘湖设有塘长，由各乡众上户推举产生，主要负责湘湖堤塘的日常管理。乡以下有塘夫、地总，对湘湖水利设施有维护之责。於士达在《湘湖考略》中提出：督促县令发布私占的禁令，让塘夫、地总周知，在春秋两季，绅士率领巡察湘湖，一旦发现私穴和私塘，就立即下令让其修补，并处罚塘夫、地总。❹ 明代湘湖设湖长，其产生过程、职责范围等，在正德十五年（1520年）许庭光、丁沂发布的《禁革侵占湘湖榜例》中有详细说明：

> 每乡选报家道殷实、行止端正壮丁二名，充为湖长，派管湖岸，每一乡则管一节。若遇仍前占种湖田、偷泄湖水人犯，许湖长呈拿送道，并追递年花利，及查照正统年间"土豪奸民隐占官筑陂塘两月不还钉发辽东卫分永远充军"事例，问拟发遣。若湖长通同豪民占种分利，不行举首，被人告发或致访出，一体问罪。其各

---

❶ ［宋］范质、赵普等.《宋会要·食货·水利四》，续修四库全书本史部第783册，上海古籍出版社，2002。

❷ ［清］毛奇龄.《湘湖水利志》卷二"禁革侵占湘湖榜例"，四库全书存目丛书史部第224册，齐鲁书社，1996。

❸ ［清］乾隆《萧山县志》，乾隆十六年（1751年）刊本。

❹ ［清］於士达.《湘湖考略》，清道光二十七年（1847年）学忍堂补刊本，上海图书馆藏。

湖长量免丁差二丁，二年后另选更替，一体免差。本府水利，并本县掌印官不时阅视，遇有湖岸坍塌，即起该乡人夫修筑坚固，不致泄漏。每月取具湖长给状，并本县督修湖堤缘由，申缴本道查考。若府县官不行用心提督修筑，并奸豪占湖不举，亦并拿问，应得罪名决不姑贷。❶

湘湖水利集团的基本制度之一是"均包湖米"，也称"湖耗"。时任萧山县令杨时推动湘湖兴筑，为确保国家赋税不受影响，把被淹土地原应缴纳税粮由湘湖水利受益农田均摊。现存文献较早提及"均包湖米"的是《萧山湘湖志略》："其湖周回八十余里，通计三万七千零二亩，灌溉由化等乡田地一千余顷，包纳原粮一千石零七升五合，民田每亩派七合五勺。"❷ 魏骥在《萧山水利事述》中称："惟为湖之地，系民输纳田土。先生除其所纳之税，加于得水利之田，照依等则，每亩增科七合五勺之数，曰'均包湖米'。"❸ 毛奇龄在《湘湖水利志》的表述更加完整：

　　通计其田有三万七千零二亩，统以为湖，用以溉由化等乡诸田，得一十四万六千八百六十八亩有奇。即以湖田原粮一千石零七升五合加派之由化等得水之田，每

　　❶ ［清］毛奇龄.《湘湖水利志》卷二《禁革侵占湘湖榜例》，四库全书存目丛书史部第 224 册，齐鲁书社，1996。
　　❷ ［明］张懋.《萧山湘湖志略》，载富玹等：《萧山水利》，四库全书存目丛书·史部第 225 册，齐鲁书社，1996。
　　❸ ［明］魏骥.《萧山水利事述》，载富玹等：《萧山水利》，四库全书存目丛书·史部第 225 册，齐鲁书社，1996。

田一亩派七合五勺❶，以代为上纳，谓之"均包湖米"。❷

因筑湘湖被淹没的 3702 亩农田，需要缴纳的税粮 1007 石 7 升 5 合，由受益的九乡农田 14 余万亩均摊，每亩承担 7 合 5 勺。❸

由此，缴纳湖耗可视为拥有湘湖水资源使用权的标志，这一权利是与土地联系在一起的：

> "湖耗之负担，在田不在人。九乡之田未必尽为九乡人所有，而九乡以外之人又未必不有九乡之田……水利犹在，仍九乡半数之田享有之，而决不溢出九乡以外。由是权利、义务仍复相等。"❹

因此，湘湖灌区农户具有较强的水权意识：

> "湖身之粮，派在得利田亩，故得水利者各有定界，而不能相争。届秋开放内河，各就其界先行筑坝。放石家湫、东斗门，共筑坝九处……放石岩穴、黄家霭、童家湫，共筑坝十二处……放横塘、河墅堰、塘子堰，筑

---

❶　1 石＝10 斗，1 斗＝10 升，1 升＝10 合，1 合＝10 勺。

❷　[清] 毛奇龄.《湘湖水利志》，收入毛氏《西河合集》第 76、77 册，据清华大学图书馆藏清康熙刻《西河合集》本影印，四库全书存目丛书史部第 224 册，齐鲁书社，1996。

❸　按照《湘湖水利志》记载，测算每亩分摊的税粮应为 6 合 8 勺。钱杭在《"均包湖米"：湘湖水利共同体的制度基础》等文中对该矛盾提出过质疑。蔡堂根在《湘湖"均包湖米"辨疑》对此的解释是：湘湖创建之初灌溉的只有八乡，不包括许贤乡，八乡的田地共 134087.6 亩，每亩均摊税粮约 7 合 5 勺。后湘湖灌溉由八乡增为九乡，每亩承担的摊派税粮却没有减少，还是 7 合 5 勺。因此出现了上述的矛盾。

❹　[民国] 周易藻.《萧山湘湖志》，民国十六年（1927 年）铅印本。

两坝……放风林穴，筑两坝……。"❶

此外，湘湖堤塘、水闸、灌渠等水利设施的建设和维修管理等费用，主要由官府库银拨付、各乡按得利田亩派捐等方式承担。

湘湖建成近 50 年后，在水利灌溉问题上，乡与乡、村与村之间矛盾突出，遇到旱年经常发生争水纠纷。为此，南宋绍兴二十八年（1158 年），萧山县丞赵善济制定《均水法》，"相高低以分先后，计毫厘以酌多寡，限尺寸以制泄放"；由于"立为絜则，绝无枯菀偏颇之患"，所以实施效果不错，一时间，"众皆悦服，无敢争者"。❷ 淳熙十一年（1184 年），萧山县令顾冲鉴于许贤乡供水不足，于是对旧法进行了修订，制定《湘湖均水约束记》，明确了各乡的用水权利，同时刻石立碑以示遵守。《湘湖水利志》载：

> 淳熙九年，钱塘顾冲来宰邑，甫下车，即备讯湘湖利弊以防水旱。先是七年大旱，八年复大水，民多流移，至是年又旱。冲乃取赵丞则水之法，使之均平，而众尚未惬，以其法多湮失而隐占者众也。冲乃先去隐占者。……至十一年五月大雨，湖水溢岸，冲乘舟遍巡，集乡夫增垒横塘、河墅堰及诸穴洩放之处，各培土三尺，惟石湫一穴逼近运河，常令开洩，以杀水势。且戒

---

❶ ［清］於士达．《湘湖考略》，清道光二十七年（1847 年）学忍堂补刊本，上海图书馆藏。

❷ ［清］毛奇龄．《湘湖水利志》卷一《南宋绍兴年定均水则例》，四库全书存目丛书史部第 224 册，齐鲁书社，1996。

日雨止则闭。是年水倍盈，而六月大旱。常年水止溉九乡，至是及一十二乡，岁则大熟 。于是补辑赵善济洩水渠则作为记，以勒于石。❶

明万历《绍兴府志》有关于此事的详细记录：

宋淳熙十一年邑令钱塘顾冲《湘湖均水利约束记》：谨按《图经》，湘湖周围八十里，溉田千余顷，水之所至者九乡。绍兴二十八载，县丞赵善济以旱岁多讼，乃集塘长暨诸上户与之定议：相高低以分先后，计毫厘以约多寡，限尺寸以制洩放，立为成规，人皆悦之。八乡既均，有未及者若许贤，居其旁不预。后有告于上者，虽得开穴以通其利，卒用旧约，垂二十有余年，莫之重定。淳熙九年，冲滥邑宰。适丁旱伤之余，知其湖有利于民甚溥，既去其夺为田者，复谋于众，取旧约，少损八乡以益许贤，利始均矣。九乡管田一十四万六千八百六十八亩二角，水以十分为准，每亩各得六丝八忽一杪。积而计之，以地势有高低之异，故放水有先后之次，分为六等。柳塘最高故先，黄家霪最低故后。其间高低相若同等者同放，此先后次序，不可易者。去水穴一十有八，每穴阔五尺，自水面掘深三尺，并乐尺，其旁柱以石，底亦如之。非石则冲洗满涧，去水无限矣。已放，畎浍皆盈，方得取之，先者有罚，私置穴、中夜盗水者，其罚宜倍。昔召信臣居南阳，作均水约束，刻石立

第4章 乡村水利共同体治理研究

---

❶ ［清］毛奇龄.《湘湖水利志》卷一《萧山县湘湖均水利约束记》，四库全书存目丛书史部第 224 册，齐鲁书社，1996。

于田畔，以防分争，后人敬慕之。兹以放水穴次时刻开
列于后。❶

新的用水制度规定湘湖每年一次集中泄放灌溉的时间：
立秋前三日开闸，白露后三日关闭。它根据灌溉土地的地势
高低，规定各穴放水次序，再按照每穴所需灌溉土地田亩数
测算用水量，确定放水时间。顾冲新约明确了被灌农田、水
量指数和放水时间三者的关系，根据需灌土地所在位置的高、
下不同，排列开闸顺序；根据需灌土地多少和所需湖水总量，
核定水量标尺，确定开闸时间。放水法规定：沿湖 18 穴的水
门，各宽 5 尺、水面下深 3 尺，在水门的侧柱和底部刻石为
标志，以固定放水量，放水按第一放到第六放的顺序进行。
具体内容如下：

第一

柳塘：溉夏孝乡范巷村二百二十四亩一角四十步，
得水一厘三毫七丝七忽，放四时一刻止。

周婆湫：溉夏孝乡杜湖村六百五十亩，得水四毫四
丝二忽，放一时三刻止。

历山南：溉安养乡孙茂村一千四百九十七亩三角，
得水一厘一丝九忽，放三时止。

历山北：溉安养乡孙茂村一千四百九十七亩三角，
得水一厘一丝九忽，放三时止。

第二

---

❶ ［明］万历《绍兴府志》卷十六，李能成点校，宁波出版社，2012。

黄家湫：溉夏孝乡斜桥村一千七百五十五亩，杜湖村六百五十亩，共得水一厘六毫三丝七忽，放四时九刻止。

金二穴：溉夏孝乡寺庄村一千五百一十六亩二角四十步，得水一厘三毫二忽，放三时一刻止。

羊骑山穴：溉新义乡前后峡村二千三百五十六亩一角三十步，得水一厘六毫五忽，放四时八刻止。

河塾堰：溉安养乡百户村二千三百四十二亩三十步，长兴乡河塾村一千六十四亩一角，黄山村五千八百三十七亩三角，山北村九百三十六亩一角，夏孝乡许村一千九百五十三亩三角十二步，共得水八厘二毫六丝三忽，放二十四时八刻止。

第三

东斗门：溉昭名乡县东村一千二百八十五亩，由化乡涝湖村三千四百三十亩北干村六百四十二亩，去虎村一千九百八十三亩，安射村一千六百三十六亩，长丰村一千六百二十六亩，共得水七厘二毫一丝一忽，放二十一时六刻止。

石家湫：溉由化乡北干村六百四十二亩，长丰村一千六百二十六亩，安射村一千六百三十六亩，涝湖村三千四百三十亩，去虎村一千九百八十三亩，共得水四厘三毫四丝五忽，放十九时止。

划船港：溉夏孝乡寺庄村一千五百一十六亩，得水一厘三丝二忽，放三时一刻止。

亭子头：溉新义前峡村二千三百五十六亩一角三十步，得水一厘六毫四忽，放四时九刻止。

许贤霪；溉许贤乡罗村六千三百三十七亩三角二十步，荷村三千三十七亩二步，朱村三千四百六亩一角八步，共得水八厘七毫三忽，放二十六时一刻止。

第四

童家湫：溉崇化乡黄村七千一十亩，百步村二千八百五十四亩，徐潭村八百三十一亩，来苏乡孔湖村三千八百二十亩，共得水九厘八毫八丝四忽，放二十九时六刻止。

第五

凤林穴：溉新义乡莫浦村三千八百亩，前豪村三千八百二十九亩，何由村七千二百四十一亩，穴村五千一百七十三亩，共得水一分三厘六毫四丝九忽，放四十时九刻止。

横塘：溉夏孝乡斜桥村一千七百五十五亩，杜湖村六百五十五亩，范巷村二千二十亩一角，共得水四厘五毫一丝三忽，放十三时五刻止。

石岩斗门：溉崇化史村三千三十三亩，徐潭村八百三十一亩，社坛村一千三百一十七亩二角，赵村二千二百五十三亩，陈村三千八十亩二角，昭名乡龚墅村三千四百一十二亩五十步，县南村七十六亩二角，社头村一千五十四亩二十步，南江村三千一百六十四亩二角十一步，由化乡五里村七千七百一亩一角四十步，赵士村一千四百六亩二角，宾浦村二千一百二十九亩，共得水一分五厘三毫三丝一忽，放四十二时止。

第六

黄家霪：溉崇化乡赵村二千二百五十三亩，史村三千三十三亩，徐潭村八百三十一亩，社坛村一千三百一十七亩二角，陈村三千八十亩二角，昭名乡龚墅村三千四百一十二亩二角，社坛村一千五十七亩二角，县南村七十六亩二角，由化乡五里村一千九百六十亩二角四十步，滨浦村二千一百二十九亩，赵士村一千四百六十亩二角一十步，共得水一分五厘三毫三丝一忽，放四十六时止。

淳熙十一年岁次甲辰十月乙亥十又二日庚午，承事郎知县主管劝农公务兼兵马监押钱塘顾冲重定。❶

根据《湘湖均水约束记》记载，具体的灌溉田亩、放水量和开启时间具体见表4.1。

表4.1　　　　　　　　湘湖均水约束统计表❷

次序	穴　口	灌溉田亩	放水量（丝）	开启时间
第一放	柳塘	224亩1角40步❸	137.7	4时1刻
	周婆湫	650亩	44.2	1时3刻
	历山南	1497亩3角	101.9	3时
	历山北	1497亩3角	101.9	3时
第二放	黄家湫	2405亩	163.7	4时9刻
	金二穴	1516亩2角40步	132	3时1刻
	羊岐穴	2356亩1角30步	160.5	4时8刻
	河墅堰	12134亩40步	826.3	24时8刻

---

❶　［清］毛奇龄.《湘湖水利志》卷一《萧山县湘湖均水利约束记》，四库全书存目丛书史部第224册，齐鲁书社，1996。

❷　根据毛奇龄《湘湖水利志》卷一《萧山县湘湖均水利约束记》中记载整理汇总。

❸　古代240步为1亩，在亩、步之间设角，每角60步。

次序	穴口	灌溉田亩	放水量（丝）	开启时间
第三放	东斗门	10602 亩	721.1	21 时 6 刻
	石家湫	9317 亩	434.5	19 时
	划船港	1516 亩	103.2	3 时 1 刻
	亭子头	2356 亩 1 角 30 步	160.4	4 时 9 刻
	许贤霪	12780 亩 4 角 30 步	870.3	26 时 1 刻
第四放	童家湫	14515 亩	988.4	29 时 6 刻
第五放	凤林穴	20043 亩	1364.9	40 时 9 刻
	横塘	4430 亩 1 角	451.3	13 时 5 刻
	石岩穴	29459 亩 1 角	1533.1	42 时
第六放	黄家霪	20611 亩 3 角 10 步	1533.1	46 时

嘉定六年（1213 年），萧山县令郭渊明鉴于有人在湘湖私自建屋，因湖水涨落，边界难定，决定以湖边的土色作辨别，"黄者山土，青黎者湖土"，规定湖身范围以这条"金线"为界。❶《湘湖水利志》载：

> 宁宗嘉定六年癸酉，郭渊明字潜亮，来为邑宰，见湖民有私蚀水涘、倚岩而筑者，遣里老勘明还报。里老与民各争界不决。渊明踟蹰间，有子甫十五进曰："此易辨也。黄者山土，青黎者湖土也。"次日至湖，视之果然。于是大起疏浚，且立为令：凡湖东西两沿，以金线为界。金线者，谓界黄于青，若线絣然。自山麓黄尽处皆湖身也。其后有畚黄土于水涘而筑宫其上者，土未

---

❶ ［清］毛奇龄.《湘湖水利志》，收入毛氏《西河合集》第 76、77 册，据清华大学图书馆藏清康熙刻《西河合集》本影印，四库全书存目丛书史部第 224 册，齐鲁书社，1996。

跑而黄现。居民首者不得白，其子曰："再跑之。"未几，果青现，遂拆宫还官，治罪充军。❶

自此，湘湖管理开始进入有规可循、有则可依的阶段。明洪武十年（1377 年），萧山知县张懋找到顾冲《萧山水利事迹》和《湘湖均水约束记》旧本，还重刻了《湘湖水利图记》碑，立于县庭以公示。清康熙《萧山县志》载：

> 明洪武十年，邑宰张懋留心湖利，重起经理，以为代有兴革，而民间利病千古不变。乃历考前贤遗迹，清夺侵占。时顾公所著《萧山水利事迹》及《湘湖均水约束记》俱已湮没，懋乃搜旧本，补讹订缺，为之重刻，而亲为序言，以冠其首。复以淳熙所颁《湘湖水利图记》勒石县庭者，其石已不可复考，懋特构良石，命绘工绘图，别为作记，以树之县庭右楹之前。❷

正德十五年（1520 年），浙江巡抚许庭光、浙江等处提刑按察司副使丁沂领衔发布《禁革侵占湘湖榜例》，再次强调湘湖用水规则体系，制定一系列管理规则。

湘湖筑成后，逐渐形成了岁修制度和保固制度。湘湖两岸堤塘的维修费用，政府预算中有"岁修银"一项。此项经费亦按得利田亩均摊："该湖塘堤闸坝每年岁修，亦由九乡得沾水利田亩

---

❶　［清］毛奇龄.《湘湖水利志》卷一《嘉定年清占疏浚/定例湖沿以金线局界》，《四库全书存目丛书》史部第 224 册，齐鲁书社，1996。

❷　［清］乾隆《萧山县志》卷十二《水利上》，乾隆十六年（1751 年）刊本。

内每亩加征二厘。"❶ 清雍正九年（1731年），经奏定岁修经费改由山阴、萧山两县各给九十九千九百文，"其款由县拨给，相沿已久"。❷ 若要进行大规模疏浚，则要由地方官府拨款。如元至正年间（1341—1368年），"田亩荒"❸清咸丰元年（1851年）修筑湘湖，动支了本县"江塘余项"。❹ 岁修的劳力征派根据"九乡坐地修筑，并不轮派，通县则是"的原则，由各乡自行筹工修筑所辖的塘坝秒，湘湖俱芜塞乏水，善以官帑发饥民疏浚，兼捍筑西江诸塘，民受利焉。穴口。❺ 官府对工程修筑实行保固制度。在官办方式下修浚湘湖，保固期限为5年，即必须在5年内保持正常功能，否则工程主持者要出资赔修。如清嘉庆元年湘湖修浚，"具结保固五年……仍归官修"。❻

为规范用水秩序和保护湘湖，湘湖管理有严格的监督和惩罚规则。南宋淳熙十年（1183年），顾冲对李百七等人占湖为田一案进行处理："冲乃直揭张提举，而追到褚百六等，各杖百断罪。其他如汪宁、赵七等，或占为田，或占养鱼，或占种荷，或暗置私穴盗水以溉己田，重即解府断罪追偿，轻即就县行遣，湖为之清。"❼ "宋淳熙十一年定例，放水不依时刻先自开发者重罚，若

❶ ［民国］周易藻．《萧山湘湖志》，民国十六年（1927年）铅印本。

❷ ［民国］周易藻．《萧山湘湖志》卷四《岁修费原委纪要》，民国十六年（1927年）铅印本。

❸ ［清］毛奇龄．《湘湖水利志》卷一《元至正年修湖》，四库全书存目丛书史部第224册，齐鲁书社，1996。

❹ ［民国］周易藻．《萧山湘湖志》卷二，民国十六年（1927年）铅印本。

❺ ［明］富玹等．《萧山水利》三刻卷下《湘湖纪事》，据浙江大学图书馆藏清康熙五十七年（1718年）清雍正十三年（1735年）孝友堂刻本影印，四库存目丛书史部第225册，齐鲁书社，1996。

❻ ［民国］周易藻．《萧山湘湖志》卷四，民国十六年（1927年）铅印本。

❼ ［清］毛奇龄．《湘湖水利志》卷一《淳熙年清占/立均水约束记》，四库全书存目丛书史部第224册，齐鲁书社，1996。

私置霪穴、中夜盗水者，其罚尤倍。"❶ 宋嘉定六年（1213 年）
定例：让百姓检举，凡越过沿湖东西两岸"金线"湖界私占湖面
者，"治罪充军，其地还官"。❷ 明正统五年（1440 年）定例：凡
在湖上种花、养鱼、筑堤、栽笋、盖屋等，全部拆除，土地还
官，并按情节轻重治罪，违抗不归还，过期两月，"犯人正身，
牢固枷钉，连当房妻小，差人管解，赴北京、辽东卫，永远充
军。"❷ 正德十五年（1520 年），《禁革侵占湘湖榜例》提出一系列
清理湖民违规占田的措施，并制定系列规则明确量刑标准、监督
机制等。清康熙、乾隆两朝对隐占湖田者除杖责断罪外，为首者
另处"枷号湖滨"之刑，以戒乡民。如康熙二十八年（1689 年）
对乘岁旱于湖中筑造塘路的孙凯臣等人"重责三十板，再行枷示
一月示儆"。❸ 除了刑罚，处罚措施还有经济惩罚和罚工修塘。南
宋淳熙十年（1183 年），顾冲对李百七等人占湖为田"断罪追
偿"，此经费后用于霪穴由泥土改建石板工程中。❹ 明景泰四
年（1453 年），县丞李孟淳将私开湖田"尽行清出且计亩罚谷，
共得千六百余石，入官为赈济之用"。❹ 康熙五十八年（1719 年），
查堵私霪三十余穴后，邑人张文瑞认为"私霪宜绝"：

> 今虽堵塞，不过苟且了事，掩一时之耳目，塞之既
> 易，开之亦不难。欲绝其弊，须行卧羊坡之法，查取开
> 霪之家，免其罪责，于放湖之后，水落土见，督其取士

---

❶ ［清］毛奇龄.《湘湖水利志》卷三《湘湖历代禁罚旧例》，汇集了自南宋淳熙
十一年至明正德十五年 330 多年间对以各种形式侵占蚕食湘湖水利行为的严格处罚
措施。

❷ ［民国］周易藻.《萧山湘湖志》卷四，民国十六年（1927 年）铅印本。

❸ ［清］乾隆《萧山县志》卷十二，乾隆十六年（1751 年）刊本。

❹ ［明］万历《绍兴府志》卷十四，李能成点校，宁波出版社，2012。

附于塘脚作斜坡之势，则塘脚高厚，开凿颇费工力，即开尔易得败露。将不绝而自止，可以百岁无患，此魏文靖公修塘旧制也。❶

4.4.3 行动者

自唐、五代以来，绍兴地区较少受到大规模战乱的波及，社会相对安定，经济获得持续发展，人口也呈不断增长之势。入宋以后，伴随社会经济的繁荣，人口增长进一步加速，宋大中祥符四年（1011 年）为 187180 户，到崇宁元年（1102 年）增至 279306 户；大中祥符四年（1011 年），萧山 23086 户，至嘉泰元年（1201 年），有 29063 户。❷ 宋末元初，中原和北方的人口为躲避战乱，大量南下。明洪武二十四年（1391 年），萧山共有 98174 人。❶ 明清时期，萧山人口增长迅速，至清乾隆五十六年（1791 年），萧山为 71672 户，686520 人。❸ 据清康熙《萧山县志》记载，明初至清康熙年间，萧山水田总数一直保持在 36 万～39 万亩之间。由此可见，宋代以后特别是明清时期，萧山人均土地面积大为减少，因此，对土地的需求也就增加。

湘湖库域行动者的社会经济属性呈现多样性，影响湘湖水利系统的运行。湘湖灌区内拥有水田并交纳湖耗的九乡居民，基于湘湖灌溉用水的共同需求，形成捍卫既成水利体制为目标的利益

---

❶ ［明］富玹等.《萧山水利》三刻卷下《湘湖纪事》，四库全书存目丛书史部第 225 册，齐鲁书社，1996。

❷ ［明］万历《绍兴府志》卷十四，李能成点校，宁波出版社，2012。

❸ ［清］乾隆《绍兴府志》卷十三，中国方志丛书，成文出版社有限公司，1975。

团体。乡绅群体在湘湖疏浚、堤闸修缮以及用水管理等方面有重要作用，并动员各种社会资源抵御部分地方"豪绅""豪民""废湖复田""侵占湖田"等损害湘湖水利系统的行为。官员在湘湖修筑以及规则制定、完善和实施等方面发挥关键影响，如杨时、赵善济、顾冲、郭渊明、张懋等。上述两股力量中，在周易藻编写的《萧山湘湖志》里，专门立有传记的为湘湖作出贡献的"湖贤"有50余位。湘湖库域内不用湖水灌溉的居民，以罢湖复田、私开私种湖田等方式，对湘湖水利造成直接的负面影响。湘湖库域还有其他群体，以养殖、渔业为生计，"溉田数千顷，湖生莼丝最美。水利所及者九乡，以畋渔为生业，不可数计"。❶另外，湘湖库域居民中还有砖瓦业经营者，对湘湖水利有直接影响。从明代起湘湖就有人烧制砖瓦，明末以此为业者已达数百家，遍布湘湖沿岸，至清末湘湖土质制作的砖瓦已成为萧山的大宗名产，民国十六年（1927年），沿湘湖各村大都烧制砖瓦。❷

湘湖有悠久的灌溉历史，宋政和二年（1112年）废田复湖，延续至20世纪80年代，已经有800多年历史。湘湖灌溉管理的制度发育成熟，湘湖建成时杨时设计"均包湖米"为核心的水权分配制度，后赵善济制定《均水法》，顾冲对旧法进行了修订并制定《湘湖均水约束记》。上述用水制度以水权均分为原则，并确定了用水细则以及违规制裁措施，其后历代沿袭未改。

---

❶　[宋]施宿等.《嘉泰会稽志》卷十，清嘉庆十三年（1808年）刊本，中国方志丛书.成文出版社有限公司，1983。

❷　[民国]周易藻.《萧山湘湖志》卷八，民国十六年（1927年）铅印本。

如前文行动者社会经济属性所述，地方官员和乡绅在湘湖治理体系中扮演着领导者的角色，如杨时、顾冲、郭源明、张懋、赵善济等，乡绅魏骥、毛奇龄、於士达等，他们在湘湖修筑、管理和保护等方面发挥了重要作用。

遵守共同的社会规范将降低行动者的集体行动成本。❶ 在湘湖灌区，行动者面临着正式制度的约束，还面临着传统习俗、公共舆论的约束。杨时建成湘湖后，民众因感念其之功绩，"人人图画先生形象，就家祀焉"❷，还在湘湖边建杨长官祠。其后，赵善济、顾冲、郭渊明等 3 人，各有创继。明洪武十年（1377 年），萧山知县张懋建四长官祠，"四公于湘湖虽创继不同，同一利民之心，蒙其惠，仰其德，立祠湖边祀焉。"❸ 明成化元年（1465 年），改杨长官祠为德惠祠，后并祀魏骥，附祀何舜宾、何竟父子。另有八贤祠，祭祀对湘湖水利有重要贡献的官员乡贤各 4 人。乡民崇德报功，祭祀先贤，以此来加强同心保湖、协力治水的凝聚力，对维持湖域内的公共价值观、支持用水规则起到重要的作用。

行动者若能分享关于社会生态系统的相关知识，他们将更容易组织起来。❹ 均水制度自南宋确立，已沿用数百年。湘湖水利又历来重视刻石立法，勒碑徼戒。顾冲刻石竖碑于县署前，立《均水约束》为法，张懋重刻《湘湖水利图记》碑。明清时期查

---

❶ Ostrom E. Understanding Institutional Diversity. Princeton：Princeton University Press，2005。

❷ ［宋］吕本中．《杨龟山先生行状略》，林海权点校，《杨时集》．中华书局，2018。

❸ ［明］张懋．《萧山湘湖志略》，载富玹等：《萧山水利》，四库全书存目丛书史部第 225 册，齐鲁书社，1996。

❹ Ostrom E. A general framework for analyzing sustainability of social-ecological systems. Science，2009，325：419 - 422。

处一些较大的侵盗水案时，多"勒石永禁"❶，以戒后世。湘湖志书的资治教化作用也素为地方注重。顾冲、张懋、魏骥、富玹、毛奇龄、张文瑞、於士达、周易藻等纂修萧山湘湖水利志书。湘湖乡民检举侵湖盗水者时，多引经据典，"碑版志书，班班可考"；官府亦查阅"载志邑乘"，效法先贤，处理案件皆"有籍可稽"。❷

湘湖创建主要目的是解萧山九乡农田秋旱，"实赖潴水，以救旱荒及民之利，与天地齐休"。❸ 宋宣和元年（1119 年），否决废湖复田创议，主要原因是"是年适大旱，秋后河涸，赖湖水救济得不饥"，当时有民谣"民有天，湖不田，脱未信，视今年"。❹湘湖使得九乡 14 多万亩农田灌溉得到了保障，官府与乡民都将灌溉视为最重要的事务之一。明清时期，一方面，随着显著的人口增长，水资源稀缺变得更加突出；另一方面，明嘉靖十五年（1536 年）三江闸水利系统建成后，萧绍平原水利态势发生了重大变化，九乡与湘湖的关系也发生重要演变：

> 太守彭、戴二公开通碛堰山，筑断麻溪坝，使诸、义、浦三县之水从临浦经义桥直达大江。于是，九乡中之安养、许贤二乡地面有十成之八割在新开钱塘支江之南，与湘湖永远隔绝。太守汤公建三江闸，蓄泄有时，

---

❶ 如清康熙二十五年（1686 年），官府查处孙氏私筑湖堤一案，公布"勒石永禁"之令。毛奇龄撰写了《湘湖水利永禁私筑勒石记》，把始末大要和法禁历史都刻在石碑上，作为后世维护湘湖的依据。

❷ ［清］乾隆《萧山县志》，乾隆十六年（1751 年）刊本。

❸ ［民国］《萧山县志稿》卷五，民国二十四年（1935 年）铅印本。

❹ ［清］毛奇龄.《湘湖水利志》卷一，四库全书存目丛书史部第 224 册，齐鲁书社，1996。

利及三县。于是，崇化、昭明、来苏之乡均沾三江利益，不藉湖水。由化乡之涝湖村地势较高，大旱间用湖水，惟长兴、新义、夏孝三乡，每年立秋前三日放水，白露后三日闭闸，仍资灌溉。合而计之全用者三乡；十用其二者三乡；滴水不用者三乡。❶

由此，可大致测算，明代中期后九乡不再依靠湘湖灌溉的农田有 6.4 万余亩，超过原湘湖总灌溉面积的 40%。

4.4.4 湘湖水利共同体治理成效解释

北宋以前，宁绍平原有主要湖泊 217 处，宋元时期垦废 18 个，明清两代更是有 155 个湖泊被垦废，至 1949 年只剩 28 个湖泊。❷ 如萧山的临浦和渔浦，兴建于南北朝，湮废于北宋；绍兴的鉴湖，兴建于东汉，湮废于南宋；宁波的广德湖，兴建于唐代，湮废于北宋。❸ 分析原因，除了湖泊的自然淤积之外，主要在于该地区人-水-地关系的变化。宋室南迁，造成了大规模的移民，"四方之民，云集两浙，百倍常时"。❹唐天宝元年（742 年），绍兴地区人口近 53 万，❺ 至南宋淳熙年间（1174—1189 年），人口超过 150 万。明清时期，人口增长迅速，到清乾隆五十六

---

❶ 顾廷龙. 清代硃卷集成（第 273 册）. 台北：成文出版社，1992。

❷ 陈桥驿，吕以春，乐祖谋. 论历史时期宁绍平原的湖泊演变. 地理研究，1984，3（3）：29-43。

❸ 陈桥驿. 历史时期西湖的发展和变迁：关于西湖是人工湖及其何以众废独存的讨论. 地域研究与开发，1985，4（2）：1-8。

❹ ［宋］李心传. 《建炎以来系年要录》卷一五八，辛更儒点校. 上海古籍出版社，2020。

❺ ［后晋］刘昫等. 《旧唐书·地理志》. 中华书局点校本，1975。

年（1791年），绍兴地区人口达到400万。^❶ 随着人口的迅速增长，人地矛盾日益加剧，必然殃及水地关系。扩大耕地面积是当时社会的迫切需求，削湖增田已成为必然趋势，所谓"地狭人稠，固其势也"。^❷ 因此，宋代以来绍兴地区围垦湖泊的速度与日俱增，"上下历代，则田日增，湖日损，至今侵湖者犹日未已"。^❸如前文分析，宋代以来特别是明清时期，萧山的人口大增，对土地的需求亦日趋强烈。虽然湘湖事情常有发生，湖面也因泥沙淤积缩小，但是历经宋、元、明、清四朝，湘湖未遭受大规模的围垦，仍然保持一定面积的水域，发挥灌溉功能。湘湖水利系统为什么能持续数百年，没有如其他众多湖泊一样被湮废？

宁绍平原湖塘多地处低洼，河港溪流挟沙而注，泄放排放湖沙不畅，不断淤积，加速湖泊沼泽化进程。人为的干预可以延缓乃至遏制湖泊的湮废，而垦殖活动会加快其湮废。湘湖位于高阜之地，灌溉农田低于湖面，秋后集中泄放，水势颇急。湘湖水源为周围山脉春夏雨水，泄水穴口多，而且又深又宽，出流顺畅，泥沙可随着水流排泄。湘湖所处的有利地势和泄流条件，是很多其他湖泊所不具备的，因此，湘湖的自然淤积较为缓慢，至清光绪二十九年（1903年），勘丈湘湖淤涨的土地仅有4625亩。^❸

湘湖面积约3.7万亩，灌溉崇化、昭名、来苏、安养、长兴、新义、夏孝、由化、许贤九乡14.68余万亩水田，对当地农业生产非常重要。湘湖水利系统规模较大，系统边界清晰，水权

第4章 乡村水利共同体治理研究

❶ ［清］乾隆《绍兴府志》卷十三，中国方志丛书，成文出版社有限公司，1975。

❷ ［清］顾炎武．《天下郡国利病书》卷八十五，黄坤等点校．上海古籍出版社，2022。

❸ 毛振培．湘湖水利管理的历史经验．古今农业，1990（2）：62-67。

界定明晰；湘湖灌区内拥有水田并交纳湖耗的九乡居民，有灌溉用水使用权，他们基于湘湖灌溉用水的共同需求，形成捍卫既成水利体制为目标的利益团体。杨时、赵善济、顾冲、郭渊明、张懋等制定、完善湘湖管理和用水制度，民间灌溉组织治理日趋规范。湘湖有岁修制度和保固制度，保障水利设施正常运行。有相应的监督与制裁规则，规范用水秩序和保护湘湖。地方官员和乡绅作为湘湖水利集团的利益代言人，在制度制定、规则执行、湘湖保护中发挥重要的领导作用。湘湖有悠久的灌溉历史，当地百姓对灌区的水利系统和规则体系拥有丰富的知识。对湘湖治水先贤的祭祀，有助于当地民众形成公共价值观并塑造稳定的社会规范。

综合以上分析，湘湖水利系统能持续数百年的主要原因在于：湘湖对当地农业有巨大的灌溉效益，地方官府和民众形成利益共同体，官员和部分乡绅作为该共同体的利益代言人，领导民众制定湘湖管理制度、用水规则和制裁措施，强化管理组织，加强湘湖水利设施维护，并形成共同的社会规范，防范和纠正破坏湘湖水利系统的行为，有效遏制、延缓了湘湖的湮废。

4.5 东钱湖与通利渠灌区的社会-生态系统分析

东钱湖又名万金湖，位于宁波鄞州。唐天宝三年（744 年），县令陆南金相度地势，取民田 21213 亩筑堤蓄水，湖益拓广，湖面 10 万亩，周围 80 里；灌溉鄞、奉、镇三县老界、阳堂、翔凤、手界、丰乐、鄞塘、崇邱七乡之田 50 余万顷。❶ 受湖水灌溉之益的民众组成稳定的水利集团，面临多重挑战，历经千年变迁，迭经沧桑，屡起兴废，终因治理有方得以保存。❷

通利渠，位于今山西临汾境内汾河西侧。通利渠创始于金代兴定二年（1218 年），导引汾河水浇灌，并结尾入汾，全长 100余里，灌溉赵城、洪洞、临汾 3 县 18 村农田 2 万余亩。通利渠灌区以灌溉水使用权的管理和分配为中心，形成了内部认同感、共同行为规范的乡村水利灌溉共同体，❸ 通过水利组织自主治理，通利渠水利系统持续数百年发挥功效。

对东钱湖与通利渠灌区进行分析，其社会-生态系统关键变量主要是系统边界清晰，运行有效的治理组织，水权明晰，共同认同的用水规则和管理制度、监督和惩罚机制，资源使用历史悠久，有组织管理才能且被信任的利益代言人作为领导者，形成共同的社会规范，对灌溉的依赖程度高，具体见表 4.2。结合前文，这些变量也是湘湖水利集团治理成效的关键影响因素。

表 4.2　东钱湖与通利渠灌区的社会-生态系统关键变量

变　量		东钱湖灌区	通利渠灌区
资源系统	系统边界清晰度	湖界清晰，灌溉系统边界清晰	渠长 100 余里，灌溉系统边界清晰
	系统规模	规模大，湖面面积近 20 平方千米，灌溉农田 50 余万顷	规模较小，灌溉 18 村农田 2 万余亩
	稀缺性	天然水源供应的湖泊，水资源较充足	地处北方旱作农业区，水资源缺乏，干旱灾害频繁

---

❶ ［清］周道遵. 甬上水利志. 成文出版社，1970。
❷ ［清］王商荣. 东钱湖志，中华山水志丛刊. 中华书局，2004。
❸ 萧正洪. 传统农民与环境理性：以黄土高原地区传统农民与环境之间的关系为例. 陕西师范大学学报（哲学社会科学版），2000，29（4）：83 - 91。

变 量		东钱湖灌区	通利渠灌区
治理系统	治理组织	前期疏浚以地方政府为主，清末以后以民间组织为主；水利设施由民间日常管理	有民间水利组织，分为权力机构与日常管理机构，前者为合渠绅耆会议，后者由渠长、副渠长、沟首、甲首、名头、夫头等组成
	产权体系	水权界定清晰，灌区内拥有水田并交纳湖耗的乡民拥有对东钱湖湖水的使用权利	水权界定清晰，赵城、洪洞、临汾 3 县 18 村农田拥有灌溉用水权
	操作规则	制定用水规则，落实修浚经费，整治、疏浚	灌溉实行"自下而上使水"的原则，并根据各村水量的大小"分定水程时刻"。明确水利组织职责，夫役和经费摊分制度
	监督与惩罚机制	对偷盗湖水、损坏水利设施、侵占湖界等行为进行抵制、制裁	合渠绅耆会议对违犯渠规者处罚或送官究治
行动者	资源使用历史	唐代改造为人工湖泊，灌溉历史悠久	通利渠建成于宋金之际，灌溉历史悠久
	领导力	地方官员和乡绅作为领导者，在浚治、抵制废湖中发挥重要作用	通利渠水利组织是民间自治组织，地方精英担任合渠绅耆会议委员和渠长等，在渠务管理中发挥关键性领导作用
	社会规范	建陆李二公祠和王安石庙，祭祀治湖有功先贤	民众口耳相传闫张二御史开渠说，建闫张庙祭祀，修《通利渠册》，立石碑，塑造共同的社会价值观和道德规范
	对水资源的依赖程度	灌溉 50 余万顷农田，使环湖农田岁岁丰登。宁波过去有句俗话："田要东乡，儿要亲生"。东乡的田，年年高产，靠的就是东钱湖灌溉	水利灌溉对于农业生产至关重要，对水资源有很强的依赖性。干旱时节，水不足用的现象时有发生

4.6 本 章 小 结

　　本章重新审视水利共同体这个概念，聚焦传统乡村公共水资源使用面临的集体行动问题，借鉴社会-生态系统框架，探讨湘湖、东钱湖、通利渠水利共同体的治理成效及其关键影响因素。

　　湘湖水利系统能持续数百年的主要原因在于：湘湖对当地农业有巨大的灌溉效益，官员和部分乡绅作为水利共同体的利益代言人，领导民众制定湘湖管理制度、用水规则和制裁措施，强化管理组织，加强湘湖水利设施维护，灌区内形成共同的社会规范，防范和纠正破坏湘湖水利系统的行为，有效延缓、遏制了湘湖的湮废。

　　分析湘湖、东钱湖、通利渠等生态-社会分析系统的关键变量，本书认为影响其治理成效的主要因素是：系统边界清晰，运行有效的治理组织，水权明晰、有共同认同的用水规则和管理制度、监督和惩罚机制，资源使用历史悠久，有组织管理才能且被信任的利益代言人作为领导者，形成共同的社会规范，对灌溉的依赖程度高。有所不同的是，东钱湖以官方治理为主，通利渠以民间自主治理为主，湘湖则是官方和民间共同治理。由此表明，治理模式的类型并不能决定公共灌溉系统的治理成效；而是面对特定的社会、经济、政治背景和生态条件时，社会系统能否在一些关键因素上进行适应性调整，以实现社会-生态系统的持续发展。

本章的研究结果表明，社会-生态系统框架有助于识别传统乡村社会灌溉系统治理成效的关键因素，并将相关变量建立起因果联系，为传统的水利共同体研究提供新的视角。然而，本书仅对 3 个案例进行初步分析，所得出的结论并不一定具有普适性。因此，有兴趣的学者可在此基础上剖析更多的案例，并进行整合性的研究，不断增进传统乡村基层灌溉系统治理的知识积累。

第 5 章

地方水利与社会变迁研究——
以丽水通济堰为例

5.1 引　言

前文提出社会-生态系统视野下的水利社会分析框架，并对历史水权、水利共同体等进行了探讨。在此基础上，本章拟以浙江丽水通济堰为案例，开展地方水利社会综合研究，考察相关的社会、经济、政治背景和生态环境系统下，传统乡村社会围绕水资源开发利用形成的社会组织、制度安排和文化现象等及社会发展变迁。

5.2 环　境　条　件

通济堰所在浙江丽水碧湖平原，在括苍山、洞宫山、仙霞岭三山脉交界。碧湖平原位于瓯江中游大溪左岸，地势平坦，海拔一般为 50～90 米，整体呈狭长树叶状，从东南堰头村至西北下堰村，占据了丽水市内平原面积的 40% 以上，是丽水地区为数不多适宜农业发展的山间盆地。它由东、中部河漫滩与西部阶地共同组成，四面环山，呈现东西高、中间低，整体由西南向东北倾斜的地形地势，自西向东，有高溪、苍坑溪、泉坑溪等多条季节性山溪横穿平原汇入大溪。瓯江主干流大溪由西南自东北贯穿碧湖平原，其支流松阴溪自平原西南侧汇入大溪，平原西北侧还有多条山溪流入，经过水流长时间的侵蚀，形成以粉砂质泥、黏土为主的地质条件。

碧湖平原所在地区属中亚热带季风气候区，四季分明，雨热同步，具有明显的盆地气候特征。无霜期 240～256 天，适宜连作稻三熟制和多种作物的生长，适宜发展农业。受季风性气候影响，碧湖平原降水多集中在 5—9 月，几乎占据全年降水量的70％。易发生洪涝、干旱灾害。北宋杨亿知处州时，对当地灌溉环境曾有细致的评述：

> 然以山越之俗，陆种甚微。所仰者水田，所食者秔稻。矧又地势斗绝，涂潦不停。仍岁亢阳，泉源罄竭。倘旬浃不雨，即沟渎扬尘，稻畦焦枯，善苗立死。非三数日一降膏泽，无以望于秋成。❶

碧湖平原一带 4000 年前已有人类生息。东汉孙吴政权设立松阳县，彼时前往瓯江下游仅有水路一条，碧湖平原成为连接松阳县和永嘉郡治永宁县的重要中转站。在通济堰创建以前，碧湖平原的农业一直未成规模，直到有了通济堰提供了农业生产所需的稳定水源后，碧湖平原开发速度逐渐提高。宋代，碧湖之名首次出现在地图中，在赵学老的《丽西通济堰图》中可见当时这里已是一番湖塘星罗、渠系纵横、村如棋布的繁荣景象，丽水西乡也因多碧波荡漾的湖塘而得名碧湖。元至正二十七年（1367年），碧湖正式建镇，属义靖乡，一直沿用至清。秦汉时期，该地人口稀少，隋唐、五代及北宋末年，北人避战乱南迁。明代经济发展，人口大增，至景泰三年（1452 年），莲都有 59789 人，清乾隆六十年（1795 年），增至 174216 人。❷

---

❶ ［宋］杨亿.《武夷新集》卷十五，《宋集珍本丛刊》影印清嘉庆刻本，线装书局，2004。

❷ 丽水市莲都区志编纂委员会. 丽水市莲都区志. 北京：方志出版社，2018。

5.3　通济堰建设与灌区发展

通济堰，创建于南朝萧梁天监年间（503—519 年）。宋元祐七年（1092 年），关景晖撰《丽水县通济堰詹南二司马庙记》曰：

> 丽水十乡皆并山为田，常患水之不足。去县而西五十里，有堰曰通济，障松阳、遂昌两溪之水，引入圳渠，分为四十八派，析流畎浍，注溉民田二千顷。又以余水潴而为湖，以备溪水之不至，自是岁虽凶而田常丰。元祐壬申，堰坝坏，命尉姚希治之。明年，帅郡官往视其成功。堰旁有庙，曰詹、南二司马，不知其谁何？墙宇颓圮，像貌不严，报功之意失矣。尉曰："尝询诸故老，谓梁有司马詹氏，始谋为堰，而请于朝，又遣司马南氏共治其事。是岁，溪水暴悍，功久不就。一日，有老人指之曰：过溪遇异物，即营其地。果见白蛇自山南绝西北，营之乃就。明道中，有唐碑刻尚存，后以大水漂亡，数十年矣。"乡之老者谢去，壮者复老，非特传之愈讹，而恐二司马之功遂将泯没于世矣。❶

---

❶　［明］成化《处州府志》卷四，赵治中点校. 方志出版社，2020。

其后，通济堰"兴费无复可考"。❶宋明道年间（1032—1033年），"叶温叟为邑令，独能悉力经划，疏阔楗畜，稍完以固"。❷宋元祐七年（1092年），知州关景晖、县尉姚希修缮水毁工程，增修了干渠上的排沙闸"叶穴"，渠水暴涨时，开闸泄洪并冲走淤沙。政和年间（1111—1118年），知县王褆采用乡人叶秉心之策改造石涵，以防泉坑水患，在坑水与渠道的交叉点上筑立交石涵引水桥，俗称三洞桥，使坑水从桥上流入大溪，渠水从桥下穿过，两水各不相扰，从而避免砂石淤塞渠道。《丽水县通济堰石函记》载：

> 我宋政和初，维杨王公褆实宰是邑，念民利堰而病坑，欲去其害，助教叶秉心因献石函之议。吻公契心，募田多者输钱。其营度，石坚而难渝者，莫如桃源之山，去堰殆五十里，公作两车以运，每随之以往，非徒得辇者罄力。又将亲计形便，使一成而不动，公虽劳，规为亦远矣。函告成，又修斗门以走暴涨，陂潴派析，使无壅塞，泉坑之流，虽或湍激，堰吐于下，工役疏决之劳，自是不繁，堰之利方全而且久。❸

南宋乾道四年（1168年），进士刘嘉改石函两边木质堤防为石砌，并将砌石缝隙处用铁水浇固。据叶份《丽水县通济堰石函记》："公之石函，防始以木，雨积则腐，水深则荡，进士刘嘉补之以石，而镕铁固之，今防不易又一利也。"❸乾道五

---

❶ ［清］同治《丽水县志》卷三，同治十三年（1874年）刻本。

❷ ［宋］关景晖.《丽水县通济堰詹南二司马庙记》，清宣统刻本《通济堰志》，浙江图书馆古籍部藏。

❸ ［清］光绪《处州府志》卷四《水利志》，中国地方志集成，上海书店，2011。

年（1169 年），处州知府范成主持大修通济堰并重新修订堰规，周必大《神道碑》记载：

> 公寻故迹，议伐大木，横瘫溪流，度水与田平，即循溪迭石岸，引水行其中。置四十九闸以节启闭。上源用足，乃及其中，次及其下，而堰可复。议定，官为雇工运石，命其旁食利户各发丁壮，分划界至，以五年正月同日兴工，四月而成，水大至，如初议。适公被召，躬往劳之，父老欢呼曰："堰成，公忍去我耶？"公曰："吾能经始，安能保其无坏？"为立詹、南庙，作堰规，刻石庙中，尽给左右山林，为修堰备。至今蒙其利。❶

开禧年间（1205—1207 年），参政何澹鉴于通济堰为临时性的木结构柴堰，年年春季均需大修，费时费工，将木篠结构的拦河坝改为砌石坝，并在原船缺处设斗门。《丽水县重修通济堰记》载："水善漏崩，补苴岁愈甚，开禧中，郡人枢密何公澹瓷以石，迄百数十祀未尝大坏。"❷ 元、明、清时期对通济堰均有整修，其中元代 2 次、明代 10 次、清代 18 次。❸

两宋时期，通济堰灌区进入不断完善的过程，堰坝-干渠-

---

❶ ［宋］周必大.《资政殿大学士赠银青光禄大夫范公神道碑》,《益国周文忠公全集》卷六十一,《四库全书》第 1147 册,上海古籍出版社,2003。《宋史·范成大传》有记："处多山田，梁天监中，詹、南二司马作通济堰在松阳、遂昌之间，激溪水四十里，溉田二十万亩。堰岁久坏，成大访故迹，叠石筑防，置堤闸四十九所，立水则，上中下溉灌有序，民食其利。"

❷ ［元］项棣孙.《丽水县重修通济堰记》,清同治重修本《通济堰志》卷二,浙江图书馆古籍部藏。

❸ 宋烜.丽水通济堰与浙江古代水利研究.杭州：浙江大学出版社,2008。

石函-叶穴-斗门-概-湖塘堰灌溉体系的确立，奠定了后世灌区兴修和运转的基础。[1] 南宋绍兴八年（1138 年），丽水县丞赵学老绘制《丽西通济堰图》，记其事曰：

> 通济堰，横据松阳、大溪，溉田二千顷，岁赖以稔。无复凶年，利之广博，不可穷极。询其从来，乃梁詹南二司马所规模，逮今几千载。爰自兵戈之后，石刻湮没，昧其事踪。学老来丞是邑，以职所莅，回访于间里耆旧，得昔年郡守关公所撰□记，略载前事。今董图其堰之形状并记刊之，坚珉立于庙下，仍以姚君县尉所规堰事，悉镂碑阴，庶几来者知前修勤民经远之意，不坠垂无穷矣。[2]

图 5.1 为通济堰史上首张灌区全貌示意图。可以看出，彼时渠首拦河坝、引水口、石函、叶穴、干支渠系及其配套工程都一应俱全，灌区内还分布着众多湖塘，这些湖塘与支渠相通，连接处通常上分有大小堰闸，表明已经形成比较成熟的灌溉水利系统。关于通济堰灌区水源，清光绪《处州府志》有载：

> 通济渠水其源有三：一在县西五十里，自十七都宝定庄引松阳大溪水入渠，历十二、十五、十一、九、五

---

[1] 林昌丈. 水利灌区的形成及其演变：以处州通济堰为中心. 中国农史，2011（3）：93-102。

[2] 碑石现存于丽水通济堰詹南二司马庙内，为明洪武三年（1370 年）丽水知县王弼、县丞冷成章重立碑。可参见清道光《丽水县志》卷八，道光二十六年（1846 年）刊本。

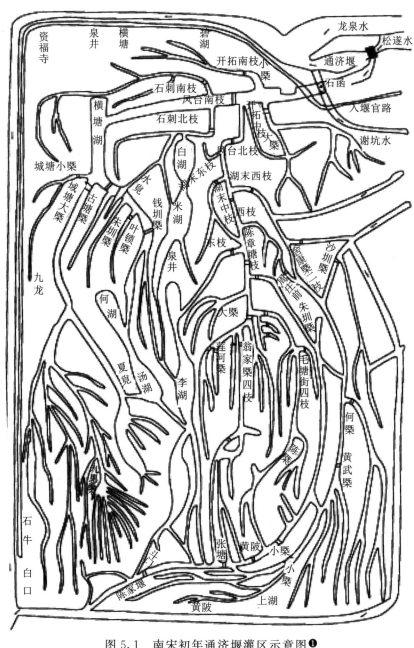

图 5.1　南宋初年通济堰灌区示意图❶

---

❶　[宋] 赵学老. 丽水通济堰规题碑阴，清宣统刻本《通济堰志》卷一，浙江图书馆古籍部藏。

凡七都，是为大渠一；在县西四十里源出白溪，历十三、十二、九、五凡四都，至白口合大渠水，是为白溪渠一；在县西四十里源处岑溪，自十四都至九都合白溪水是为金沟渠。❶

元代有关通济堰灌区渠系演变的资料鲜见。明代，通济堰灌区面积 4 乡 11 都 2000 顷，"支分东北，下暨南北，股引可三百余派，为七十二概，统之为上、中、下三源。余波溉于田亩者，可二千顷，盖四十里而羡"❷。随着灌区村落农耕的发展，支渠及以下毛渠、田间渠系大量增加，万历年间（1573—1620 年）统计共有干、支渠上大小概闸 72 座，大型湖塘约 18 座。❸ 万历三十六年（1608 年）《丽水通济堰文移》载：

入渠五里而支分，则有开拓概，开拓概而下则有凤台概、石刺概、城塘概、陈章概、九思概之名。开拓概始分三支，中支最大，是为上源、中源，而十五都、十附都、十正都、十一都、十二都水利坐堰。又接为下源，而五都、六都、七都、九都之水利坐焉。南支、北支稍狭，是皆为上源，而十四都、十五都、十七都之水利坐焉。其造概也，有广狭高下，木石启闭之各殊其

❶　［清］光绪《处州府志》卷二，中国地方志集成. 上海书店，2011。
❷　［明］李寅.《丽水县重修通济堰记》，清宣统刻本《通济堰志》卷一，浙江图书馆古籍部藏。
❸　［清］光绪《处州府志》及同治重修本《通济堰志》。

社会—生态系统视野下的水利社会研究

122

用；其分概也，有平木、加木，或揭，或不揭之，各得其宜；放水也，有中支三昼夜、南北支亦三昼夜之限，轮揭有序，灌注有时，三源各享其利而不争，三时各按其业而不乱。此法之最良各载堰规者也，惟修葺不时，而古制遂湮。❶

万历三十五年（1607年）《上中下三源轮放水期条规》对三源也有记载：

开拓鱼分南、北、中三支，凡初一至初三等日，中支水道尽闭，水分南、北二支，畅流灌溉上源十七都之宝定、义埠、周巷、下梁、鱼头、杨店、新溪、汤村、前林、岩头、金村、魏村，十五都之三峰、采桑、下汤、吴村、河口、上保、中保、前炉等二十庄田禾十余里，三昼夜而足。至初四日闭南、北二支，开中支水。凤台鱼北支分陈章塘鱼，南支分石刺塘鱼，至城塘鱼闭之。灌溉中源十五都之下保、霞冈，十二都之河东、周村、下鱼头、白河、章塘、大陈，十一都之横塘、赵村、上各、下河、新坑、巷□，十都之资福、上黄、上地等十七庄田禾十余里，三昼夜而足。至初七日，上、中二源旁支皆闭，开城塘等鱼，使渠水尽归下源，灌溉九都之纪保、中叶、周保、刘保、下叶、泉庄、唐里、季村、章庄、蒲塘，七都之新亭，五都之赵村、石牛、任村、白口，十都

---

❶ ［明］樊良枢.《丽水通济堰文移》，清宣统刻本《通济堰志》，浙江图书馆古籍部藏。

之里河等十六庄田禾十余里，四昼夜而足。三源因而
复始。❶

清代总体沿袭了明代的格局，局部范围特别是中下源一带的
渠系工程变化较大，灌区内部上、中、下三源范围有较大调整。
明清时期的三源范围变化情况，见表 5.1～表 5.3。

表 5.1　　明万历年间（1573—1620 年）通济堰三源范围表❷

源	乡　都	村　　　庄
上源	义靖乡十五都	三峰、采桑、下汤、吴村、河口、上保、中保、前炉
	元和乡十七都	宝定、义埠、周项、下梁、概头、杨店、新溪、汤村、前林、岩头、金村、魏村
中源	来仪乡十都	资福、上地、上黄
	义靖乡十一都	横塘、赵村、上各、下河、新坑、巷口
	义靖乡十二都	河东、周村、下概头、白河、章塘、大陈
	义靖乡十五都	下保、霞冈
下源	孝行乡五都	赵村、石牛、任村、白口
	来仪乡七都	新亭
	来仪乡九都	纪保、中叶、周保、刘保、下叶、泉庄、唐里、季村、章庄、蒲塘
	来仪乡十都	里河

❶　［清］王庭芝.《通济堰志》，清同治九年（1870 年）线装木活字本，浙江
图书馆古籍部藏。
　　❷　［清］王庭芝.《通济堰志》《上中下三源轮放水期条规》，清同治九年（1870
年）线装木活字本，浙江图书馆古籍部藏。

表 5.2   清乾隆年间（1736—1795 年）通济堰灌区三源范围表❶

源	乡 都	村 庄
上源	义靖乡十五都	采桑、下汤、三峰、碧湖上保、中保、下保、霞冈
	义靖乡十六都	吴村
	元和乡十七都	宝定、杨店、汤村、概头、箬溪口、下梁、新溪、周项、义埠、岩头、金村、魏村
中源	孝行乡六都	峰山
	来仪乡九都	朱村
	来仪乡十都	上黄、上地、资福、西黄、里河、后店、张河
	义靖乡十一都	下河、上各、横塘、赵村
	义靖乡十二都	大陈、章塘、白河、周村、河东、下概头
下源	孝行乡五都	白口、赵村、下堰、石牛、任村
	孝行乡六都	新亭
	来仪乡九都	纪保、中叶、周保、刘保、下叶、泉庄、唐里、季村、章庄、蒲塘

表 5.3   清同治年间（1862—1874 年）通济堰灌区三源范围表❶

源	乡 都	村 庄
上源	义靖乡十五都	下汤
	义靖乡十六都	吴村
	元和乡十七都	宝定、义埠、周项、下梁、上概头、杨店、新溪、上汤（汤村）、前林、岩头、金村、魏村
中源	来仪乡十都	资福、黄□、上黄、上地
	义靖乡十一都	下河、上各、横塘、赵村、下埠
	义靖乡十二都	大陈、章塘、白河、周村、河东、下概头
	义靖乡十五都	采桑、河口、碧湖（上、中、下保）、霞冈、上埠、柳里、新坑

第5章 地方水利与社会变迁研究——以丽水通济堰为例

❶ 清道光《丽水县志》卷二，清道光二十六年（1846 年）刊本；清同治重修本《通济堰志》，浙江图书馆古籍部藏。

源	乡 都	村 庄
下源	孝行乡五都	石牛、白口、任村、下赵
	来仪乡七都	吴圩、新亭
	来仪乡九都	唐（塘）里、下季、章庄、蒲塘、泉庄、里河、九龙（含纪保、周保、中叶、下叶、刘埠）

5.4　通济堰灌区治理系统分析

　　宋代以前，通济堰灌区尚未发现系统灌溉管理制度的记载。宋元祐七年（1092 年），县尉姚希制定堰规，利用当时户籍管理中的"里甲制"将灌区分为九甲，每甲设一甲头管理组织人员，并依照"户等制"确定与承利人田亩多寡相对应堰工义务。❶ 绍兴八年（1138 年），丽水县丞赵学老将姚希所定的"堰规"悉刻于石，述其事云："今董图其堰之形状并记刊之，坚珉立于庙下，仍以姚君县尉所规堰事，悉镂碑阴，庶几来者知前修勤民经远之意，不坠垂无穷矣。"❷ 南宋乾道五年（1169 年），处州知州范成大修订《通济堰规》，有堰首、田户、甲头、堰匠、堰工、堰夫、堰司等条款，对人员选拔、田户等级划分、用水管理、工程大修、工费摊派与开支、监督追责等内容都有详细的规定。明清时期管理制度有所修改，大都是在范氏堰规基础上，根据当时实际

------

　　❶ 赵学老所立之碑的碑阴为县尉姚希所制定的"堰规"。然洪武三年重立此碑时，仅将通济堰图镂刻于元代叶现《重修通济堰记》的碑阴，而姚希"堰规"并未刻石，故"堰规"已不可见。范成大《通济堰规》中提到北宋旧例将灌区用水户分为九甲，每甲设一甲头，负责催工。

　　❷ 碑石现存于丽水通济堰詹南二司马庙内，为明洪武三年（1370 年）丽水知县王弼、县丞冷成章重立碑。

情况进行局部完善和增补。明万历三十六年（1608 年），丽水知县樊良枢厘定新规 8 条、修堰条例 4 则，包括修缮堤坝、疏浚渠道、设立堰长等方面有新的规定。❶ 清嘉庆十八年（1813 年），处州知府涂以辀订新规 4 条。同治五年（1866 年），知府清安新订堰规 10 条。

宋代设堰首，《通济堰规》第一条规定了堰首的选举资格与主要职责：

> 集上中下三源田户，保举下源十五工以上，有材力公当者充。两年一替，与免本户工。如见充堰首，当差保正长即与权免，州县不得执差。候堰首满日，不妨差役，曾充堰首，后因析户工少，应甲头脚次与权免。其堰首有过，田户告官追究，断罪改替。所有堰堤、斗门、石函、叶穴，仰堰首寅夕巡察。如有疏漏倒塌处，即时修治。如过时以致旱损，许田户陈告，罚钱三十贯，入堰公用。❷

堰首的主要职责有：①负责所有堰堤、斗门、石函、叶穴、各大小概闸、湖塘堰的巡查、报修工作，监督各船只通行等事宜；②组织灌区堰户进行工程的清理、岁修；③与其他上田户商议监当、甲头的推选；④负责收管都工簿，催发堰工，监督各甲堰税的征收与夫役摊派；⑤负责堰庙管理、修缮。监当由每源选

---

❶ ［明］樊良枢.《丽水县通济堰新规八则》，清宣统刻本《通济堰志》卷一，浙江图书馆古籍部藏。

❷ ［宋］范成大.《丽水县修通济堰规》，清宣统刻本《通济堰志》，浙江图书馆古籍部藏。"十五工"是指按与持有秧把对等的出工数，灌区旧约规定"每秧五百把敷一工"。

举有"十五工以上"田户 1 名充当，分管各源事务，两年一换，协助堰首管理灌区财务、工役派夫之事。范成大《丽水县修通济堰规》载：

> 旧例：十五工以上，为上田户，充监当。遇有工役，与堰首同，共分局管干。每集众，依公于三源差三名，二年一替。仍每月轮一名，同堰首。收支钱物人二，或有疏虞不公，致田户陈告，即与堰首同罪。或大工役，其合充监当人，亦（押仰）前来分定窠座管干。或充外役，亦不蠲免，并不许老弱人抵应。内有恃强不到者，许堰首具名申官追治，仍倍罚一年堰工。❶

将三源分为十甲，甲头由上田户中能出三工至十四工者充，一年一替，主要责任在于催发堰工，保管催工历一本，负责登记当年堰工，并监督堰首分工的公正性。《通济堰规》第三条"甲头"云：

> 旧例分九甲。近缘堰田多系附郭上田户典卖所有，堰工起催不行。今添立附郭一甲，所差甲头于三工以上至十四工者差充，全免本户堰工，一年一替。委堰首集众上田户，以秧把多寡次第流行，依公定差。如见充别役，即差下次人。候别役满日，依旧脚次。仍各置催工历一道，经官印押收执。遇催到工数抄上，取堰首金人。堰首差募不公，致令陈诉，点对得实，堰首罚钱二

---

❶ ［宋］范成大．《丽水县修通济堰规》，清宣统刻本《通济堰志》，浙江图书馆古籍部藏。

十贯，入堰公用。❶

设堰匠 6 名，负责看守堰堤，若有疏漏即时报堰首修治。在大堰船缺处轮差堰匠 2 名，管理往来船只。开柘、凤台、城塘、陈章塘、石刺等概，各设概头 1 名专门管理。其余湖塘堰及支渠小堰，也设有湖塘堰头和小概头，负责湖塘堰概的闸门启闭、清淤维修，每年免本户三工。叶穴也设专人负责看护，由附近上田户 1 名担任叶穴头，两年一替，"遇大雨及时放开闸板，当灌溉时不得擅开"。此外，甲头者中择能书之人任堰司，负责堰务内相关文书事宜；设堰簿专记田秧亩账，专门由上田户 1 名掌管。

至明代，南宋以来沿用的管理制度已与灌区实际需求不相适应，万历三十六年（1608 年）《丽水县通济堰新规八则》记载：

> 通济堰规宋乾道年新规，而今往矣。堰概广深，木石分寸，百世不能易也，而三源分水有三昼夜之限，至今守之从古之法，下源苦不得水。田土广远，水道艰涩，故旱是用□而岁必有争。良枢有忧之独予下源先灌四日，行之未几，上源告病。盖朝三起怒而阳九必亢，卒不得其权变之术，乃循序放水，约为定期，以示大信，如其旱也，听命于天，虽死勿争。凡我子民，不患贫寡，尚克守之。后之君子，倘有神化通久之术，补其

---

❶ ［宋］范成大.《丽水县修通济堰规》，清宣统刻本《通济堰志》，浙江图书馆古籍部藏。

不逮，固所愿也。❶

为改善这一局面，官方加大了管理力度，对堰规作了调整。首先改进的是堰首的选举方式，平衡上、中、下三源的利益：

> 每一源于大姓中择一人材德服众者为堰长，免其杂，差三年更替。凡遇堰概倒坏、水利漏泄，田户争水，即行禀官处治。每源各立总正一人，公正二人，分理事务。如有不公，许田户告小罚大，革三年已满无过，准分别旌异。❶

三源各 1 名堰长，各 1 名总正、2 名公正。总正主要负责岁修时协助各源堰长巡查报修，估计工价，劝支官银给匠修理；公正则负责收管修堰财务，催工督工，二者的职能相当于南宋时的监当与甲头。❷另设有概首，"每大概择立概首二名，小概择立概首一名，免其夫役，二年更替。责令揭吊如法，放水依期"。❷又设闸夫，负责看管船缺、斗门和叶穴。附近村及三源各派一名闸夫，一年一更替，并给予租地，令其耕种；叶穴闸夫 1 名，旁有圩田，令其耕种，凡遇倒坏，即行通知堰长，禀官修治。❷

清代初期，乡绅群体开始深度介入灌区管理。康熙三十三

---

❶ ［明］樊良枢.《丽水县通济堰新规八则》，清宣统刻本《通济堰志》卷一，浙江图书馆古籍部藏。
❷ 陈方舟，谭徐明，李云鹏等.丽水通济堰灌区水利管理体系的演进与启示，中国水利水电科学研究院学报，2016，14（4）：260-266。

年（1694 年）的《刘郡侯重造通济堰石堤记》记载：

> 士民何源俊，魏可久、何嗣昌、毛君选等为首，率
> 众于康熙三十二年癸酉七月十九日，具呈本府刘暨本
> 县。随蒙刘郡侯轸恤栝西人民，慨然捐俸银五十两以为
> 首倡。续厅张亦捐俸银五两。传唤浚等至府筹度，即委
> 经厅赵讳鍟于十月初九日诣堰所，即着每源佥立总理三
> 人，管理出入各匠工食银两。每大村佥公正二名，小村
> 一名，三源堰长各一名，到堰点齐。每源派佥值日公正
> 二名，堰长三人，日日督工巡视。❶

同治六年（1867 年）起，政府每年从灌区乡绅阶层中保举
派定 3 名值年董事总理堰务，负责所修租息收支各款立簿登记。
值年董事下设轮值董事，分为甲、乙二班，原则上每源出 3 名，
光绪时规定在堰务较为繁重的中源多派 3 名轮值董事，分别入
甲、乙二班。总理董事下又设有闸夫、概首、概夫。渠首设四名
闸夫，负责看管堰身、闸口、斗门、巩固桥和石函，如遇损坏，
闸夫需开报丽水县丞。渠首以下大小概闸的管理有概首、概夫，
《三源大概规条刻》载：

> 开拓、石剌、城塘各概设概首一名，每岁由值年
> 董事选举诚实可靠者保充。但恐照管不周，仍有居民
> 擅自启闭及偷放情事，兹议每概雇募概夫一名，着令
> 专管。每名每月在于岁修租内给谷一担，计三名。每

---

❶　［清］刘廷玑.《刘郡侯重造通济堰石堤记》，清宣统刻本《通济堰志》卷一，
浙江图书馆古籍部藏。

年提谷三十六担以作经理工食，倘有擅自启闭偷放情弊，报明董事，转禀究办。轻则罚钱二十千文，为修浚用。重则从严治罪，若概首概夫受贿赂，容隐一并提惩。❶

光绪三十二年（1906年）设西堰公所后，所有堰务事宜，由闸夫向经董禀报，经董再邀集各董赴公所会商协办。❷

南宋时期，灌区实行范成大创立的三源轮灌制，以开拓概为三源配水的起点，通过开拓概、凤台概、石剌概、陈章塘概和城塘概的启闭配合，在旱时将有限的水资源进行合理分配。彼时尚无规定严格的开始日期，以开拓概、城塘概为界，上源3日，中下源共4日。《丽水县修通济堰规》载：

> 自开拓概至城塘概并系大概，各有阔狭丈尺。开拓概中支阔二丈八尺八寸，南支阔一丈一尺，北支阔一丈二尺八寸，凤台两概南支阔一丈七尺五寸、北支阔一丈七尺二寸，石剌概阔一丈八尺，城塘概阔一丈八尺，陈章塘概中支阔一丈七尺七寸半，东支阔一丈八寸二分，西支阔八尺五寸半。内开拓概遇亢旱时，揭中支一概以三昼夜为限，至第四日即行封印；即揭南北概荫注三昼夜，讫依前轮揭。如不依次序，及至限落概，匕首申官施行。其凤台两概不许揭起，外石剌陈章塘等概并依仿

---

❶ ［清］清安 .《三源大概规条石刻》，清宣统刻本《通济堰志》卷二，浙江图书馆古籍部藏。

❷ ［清］萧文昭 .《关于通济堰善后碑示》，清宣统刻本《通济堰志》卷二，浙江图书馆古籍部藏。

开拓概次第揭吊。❶

宋代轮水制以先保证中、下源灌水为先，这是三源轮灌制运行的基本机制，为此后各代沿用。明代开始规定具体的轮水起讫时间，轮水周期调整为上源 3 日，中源 3 日，下源 4 日：

> 每年六月朔日官封斗门，放水归渠，其开拓概乃三源受水咽喉，以一二三日上源放水，以四五六日中源放水，以七八九十日下源放水，月小不偕，各如期令人看守。❷

至清同治年间（1862—1874 年），轮水模式又已经有所调整：

> "旧制开拓概中支，广二丈八尺八寸，石砌崖道，概用游枋大木，南广一丈一尺，北支广一丈二尺八寸，两崖各竖石柱，概用灰石。盖中支揭去木概，则水尽奔中下二源，而南北之水不流，中支闭木概，则水分南北，注上源。自逐次修改，古制久湮……每年五月初一为三源轮放水期，一、二、三日轮上源，于先一日戌刻中支再加木一根，至第三日戌刻上源已灌足三昼夜，即将中支加木并平水木一齐揭起，仍将南北二概闸上，俟四五

---

❶ ［宋］范成大.《丽水县修通济堰规》，清宣统刻本《通济堰志》卷一，浙江图书馆古籍部藏。
❷ ［明］樊良枢.《丽水县通济堰新规八则》，清宣统刻本《通济堰志》卷一，浙江图书馆古籍部藏。

六七八九十，中下二源灌毕，方准揭南北二枋，闭中支平水木与加木，周而复始。"❶

通济堰灌区有较为完善的岁修制度。南宋乾道五年（1169年），范成大的《通济堰规》确立了灌区最早的岁修制度：

自大堰至开拓概。虽约束以时开闭斗门、叶穴，切虑积累沙石淤塞，或渠岸倒塌，阻碍水利。今于十甲内，逐年每甲各桩留五十工，每年堰首将满，于农隙之际申官，差三源上田户将二年所留工数，并力开淘，取令深阔，然后交下次堰首。❷

开拓概以下干支渠、湖塘堰也需定期开淘，"诸处大小渠堰，如遇淤塞，即请众田户……集工开淘，各依古额"。❷明万历三十六年（1608年）对岁修作了明确规定：

每年冬月农隙，令三源圳长总正督率田户逐一疏导，目食其力，仍委官巡视，若有石概损坏，游枋朽烂，估计工价，劝支官银给匠修理，毋致春夏失事，亦妨农功。❸

---

❶ ［清］清安.《三源大概规条石刻》，清宣统刻本《通济堰志》卷二，浙江图书馆古籍部藏。

❷ ［宋］范成大.《丽水县修通济堰规》，清宣统刻本《通济堰志》卷一，浙江图书馆古籍部藏。

❸ ［明］樊良枢.《丽水县通济堰新规八则》，清宣统刻本《通济堰志》卷一，浙江图书馆古籍部藏。

明代每年十一月岁修开始前，官府会先给出申示，不可随意更替时间，负责执行管理的堰长、公正及概首对动工时间、用木分寸，用石高低都需听提督官调度。● 清代的岁修从十一月初开始，次年春耕前竣工。值年董事将岁修事宜禀报州府衙门，经州府委官查勘后，召集值年董事商谈设计施工、工费开支事宜，再着碧湖县丞监督各村派夫施工。岁修完毕还需申报官府验收，将详情记录在案以供查阅。渠首以下工程，自保定庄塘埠桥起至泉庄下竹荡下干渠分为十八段，每段设一董事，督工一、二名，担负岁修组织兴工、查勘报修之责。❷ 泉庄下游至白桥渠道不分桩段，岁修期间由附近各庄各村用水户负责派夫挑拨，这样就形成了一套渠系分段维修管理制度。通济堰大修没有固定周期，"如遇大堰倒损，兴工浩大，及亢旱时上役难办，许田户即时申县委官前来监督"，❸ 并制定专门的管理制度，对质量、工期和经费进行控制。除了大修、岁修，日常养护和管理也非常重要。南宋时，堰首需巡查堰堤、斗门、石函、叶穴、各大小概闸、湖塘堰，及时报修处理，概闸、斗门，以及石函、叶穴、船缺，都有专人管理。明清时，无论堰长、总正、公正，还是值年绅董，都对通济堰的节点工程及干、支渠都有巡查报修之责，概首、概夫、闸夫等也对相应工程有看护之责。

通济堰灌区有经费募集与劳役摊派制度。除因重大灾害损毁堰体大修时官方划拨经费以外，日常维修经费基本取之于民，经

● ［明］樊良枢.《修堰条规四则》，清宣统刻本《通济堰志》卷一，浙江图书馆古籍部藏。
❷ ［清］朱炳庆.《朱县丞关于三源分段兴修之告示》，清同治重修本《通济堰志》卷二，浙江图书馆古籍部藏。
❸ ［明］樊良枢.《丽水县文移》，清宣统刻本《通济堰志》卷一，浙江图书馆古籍部藏。

费来源主要有摊派、堰田租谷、募捐等。乾道五年（1169 年）《通济堰规》根据每户在灌区持有的秧把数分工敷钱：

> 每秧五百把敷一工，如过五百把有零者亦敷一工。下户每二十把至一百把，出钱四十文足；一百把以上至二百把，出钱八十文足。二百把以上敷一工。乡村并以三分为率，二分敷工，一分敷钱。城郭止有三工以下者，并敷钱。其三工以上者，即依乡村例，亦以三分为率，每工一百文足。❶

明代万历以后，灌区经费按秧把数敷工变为按亩摊派。据《丽水县文移》对万历三十六年（1608 年）大修前请拨经费记载，疏浚、修缮工费按三源承利田户每亩出银三厘筹集：

> 前后会计大约浚渠掘泥之功取于民，而贾置木石及修理祠庙之费出于官，合再申请将本年寺租官银动支二十两尤恐经费不足，仍从三源之民每亩愿各出银三厘以为工匠之费，则财力易办，而旬日可成，缘因兴复水利事宜。❷

清代，按受益田亩数额征收派捐，并且根据各庄不同的土地等级，派捐金额也有所不同。堰田租谷是以堰公田所收租谷用于

---

❶ ［宋］范成大.《丽水县修通济堰规》，清宣统刻本《通济堰志》卷一，浙江图书馆古籍部藏。

❷ ［明］樊良枢.《丽水县文移》，清宣统刻本《通济堰志》卷一，浙江图书馆古籍部藏。

工程维修管理经费。如明万历三十六年（1608 年），拨租揹南山圩田给看管渠首堰堤、斗门的闸夫耕种，田产出额以充役食工费。❶ 清嘉庆十八年（1813 年），涂以辀立西堰户名，将乡绅乐捐及惩罚充收土地纳入名下。《重立通济堰规》云：

> 现据丽水贡生吴均输田四亩四分，计租十一石，每年变价约得钱十一千文，即令碧湖县丞就近征收应完地漕秋米若干，饬县查收田额。另立岁修西堰户名，亦由该县丞完纳，所余钱文即为修理之费，该县仍将用数报府查核。遇有不敷，于府库收存岁修项下补给。❷

此外还有松邑西堰岁修户、通济堰户、通济堰费户、西堰庙费户、开拓概户等，各堰户所收租谷用途不一，但都与通济堰水利事务有关。通济堰大修时经费不足，有时需要募捐来补足，如万历二十六年（1598 年）知县钟武瑞捐资倡修斗门。❸ 清康熙三十二年（1693 年）知府刘廷玑重建水毁石坝，先以官员捐资倡导，经费不足处再向民间派捐。❹ 光绪三十二年（1906 年）大修三源堰渠时，官员带头捐廉，并向三源倡捐。❺ 此外，对一些违规行为处罚所得也可作为修堰经费，如清同治五年（1866 年）

---

❶ ［明］樊良枢.《丽水县文移》，清宣统刻本《通济堰志》卷一，浙江图书馆古籍部藏。

❷ ［清］涂以辀.《重立通济堰规》，清宣统刻本《通济堰志》卷一，浙江图书馆古籍部藏。

❸ ［明］郑如璧.《丽水县重修通济堰记》，清宣统刻本《通济堰志》卷一，浙江图书馆古籍部藏。

❹ ［清］刘廷玑.《刘郡侯重造通济堰石堤记》，清宣统刻本《通济堰志》卷一，浙江图书馆古籍部藏。

❺ ［清］朱炳庆.《光绪丙午冬大修三源堰渠捐助堰工芳名录》，清宣统刻本《通济堰志》卷二，浙江图书馆古籍部藏。

灌区下源石牛庄任芝芳占用堰基为田，被判罚钱 2000 文充作修堰经费。❶ 清同治八年（1869 年），有魏村居民在开拓概私行开石，"罚捐田五亩"以入堰公用。❷ 劳动力征集遵循"按利均摊"的基本原则，宋代按秧把出工，元明时期按亩摊派，清代每庄按受益田面积大小和受益水源派定工数。

通济堰规设有监督和惩罚措施。南宋《通济堰规》中有诸多惩罚性条款："过时以致旱损，许田户陈告，罚钱三十贯，入堰公用。充监当田户收支钱物，如有疏虞不公，致田户陈告，即与堰首同罪。""堰首差募不公，致令陈诉，点对得实，堰首罚钱二十贯，入堰公用。""如掌管人徇私舞弊，田户陈告属实，则掌管人量轻重断罪，偷隐一文以上即倍罚，入堰公用。""塘湖堰首如不觉察，即同侵占人断罪，追罚钱一十贯，入堰公用，许田户告。""如无官司凭照，擅与人户关割，许经官陈告，追犯人赴官重断，罚钱三十贯，入堰公用。""如违，将犯人申解使府，重作施行"，等等。❸ 对各类管理人员有追责机制，还对各种损坏水利工程、妨碍堰务等行为处以惩戒、刑罚。明清时期承袭南宋堰规，又予以补充完善，如明万历三十六年（1608 年）："如遇豪强阻挠、擅自闭启者，即行禀官究治，枷游示众。"❹ 清同治年间（1862—1874 年）规定：

❶ ［清］清安.《清郡守堰基告示》，清宣统刻本《通济堰志》卷二，浙江图书馆古籍部藏。

❷ ［清］萧文昭.《上源开拓概建造平水亭永禁碑示》，清宣统刻本《通济堰志》卷二，浙江图书馆古籍部藏。

❸ ［宋］范成大.《丽水县修通济堰规》，清宣统刻本《通济堰志》卷一，浙江图书馆古籍部藏。

❹ ［明］樊良枢.《丽水县通济堰新规八则》，清宣统刻本《通济堰志》卷一，浙江图书馆古籍部藏。

开拓、石刺、城塘概概闸启闭由概首、概夫共同看管，如有擅自启闭概门泄露水利者轻则罚钱二十千文，为修浚用，重则从严治罪。若概首、概夫受贿赂容隐，一并惩罚。❶

5.5　通济堰灌区社会–生态系统分析

通济堰历经千余年，至今仍在持续发挥水利功能，为何能取得如此治理成效？下文通过通济堰灌区的社会–生态系统分析，剖析影响治理成效的关键因素，并解释通济堰水利系统能持续上千年的原因。

由表 5.4 可见，通济堰社会–生态系统关键变量主要是系统边界清晰、运行有效的治理组织、水权明晰、被共同认同的用水规则和管理制度、监督和惩罚机制、资源使用历史悠久、有组织管理才能且被信任的利益代言人作为领导者、形成共同的社会规范、对灌溉的依赖程度高。因此，通济堰水利系统能持续发挥水利功效的主要原因在于：通济堰对当地农业有巨大的灌溉效益，地方官府和地方民众形成利益共同体，官员和地方精英作为该共同体的利益代言人，领导民众制定通济堰用水制度、工程管理制度以及制裁措施，强化管理组织，加强通济堰水利设施维护，并形成共同的社会规范，防范和纠正破坏行为，使得通济堰能持续发挥水利功能。

---

❶　〔清〕清安．《三源大概规条石刻》，清宣统刻本《通济堰志》卷二，浙江图书馆古籍部藏。

表 5.4　　　通济堰灌区的社会-生态系统关键变量

变 量		通 济 堰 灌 区
资源系统	系统边界清晰度	通济堰灌区的村庄被分作上、中、下三源，以三源为地域单元实行水利管理，灌溉系统边界清晰
	系统规模	干渠 20 余千米，支、毛渠 100 余千米，灌溉 4 乡农田 3 万余亩
	水利设施	堰坝、干渠、石函、叶穴、斗门、概闸、湖塘等组成完整的水利灌溉体系
	稀缺性	山溪性河流无法满足旱时灌溉需求
治理系统	治理组织	有较为完善的民间水利组织，宋代为堰首-上田户-甲头等为主体的管理体制，明代为堰长-总正-公正制，清代为董事制，另有概首、堰匠、闸夫、概夫、堰司等管理人员
	产权体系	水权界定清晰，三源义靖、元和、来仪、孝行等 4 乡农田拥有灌溉用水权
	操作规则	实行三源轮灌制，有完善的岁修、经费募集与劳役摊派制度
	监督与惩罚机制	对损坏水利设施行为进行处罚，对管理人员违规行为有处罚措施
行动者	资源使用历史	通济堰建成于南朝，宋代有较为完善的灌溉体系，历史悠久
	领导力	地方官员和地方精英作为领导者，在工程建设、修缮和堰务管理中发挥重要作用
	社会规范	建有龙王庙、龙女庙、龙子庙及报功祠，举办"双龙庙会"，通过信仰权威来灌输用水户对水利工程尊重与保护的责任意识；修撰《通济堰志》，立石碑 20 余方，记载历代治理、堰规及管理制度，塑造共同的社会价值观和道德规范
	对水资源的依赖程度	曾经"小旱即苦灌溉"的碧湖平原，通济堰建成后成为"岁虽凶而田常丰"的安居之地❶

---

❶　［清］王庭芝．《通济堰志》，清同治九年（1870 年）线装木活字本，浙江图书馆古籍部藏。

5.6 通济堰灌区社会文化变迁

通济堰水利工程是由拱形大坝、通济闸、石函、叶穴、渠道、概闸及湖塘等组成的水利灌溉体系。整个灌溉网络纵横交错，渠道呈竹枝状分布，由干渠、支渠及毛渠三部分组成，蜿蜒穿越整个碧湖平原。通济堰灌区干渠长 20 余千米，分支渠 48 条并多处开挖湖塘以储水，始于拦水大坝北端的通济闸，渠水经堰头村、保定村，穿越碧湖镇、平原、石牛，流抵下圳汇入瓯江。它被分凿出大小支渠、毛渠 321 条，使整个碧湖平原上的农田得以旱涝保收，主、支渠上有大小闸概 72 处，可以进行分水调节，使渠水能自动流入不少农田。

通济堰建成前，古代丽水"处州十乡皆山也，无良田沃壤，深陂巨浸""盐布各货皆自他郡输入"。[1] 通济堰建成后，原本在旱时犹如火畈的碧湖平原，成为田连阡陌的重要粮区，随着渠系密化与关键性工程技术的发展，灌区供水效益持续扩大，"处州粮仓"的地位被不断巩固，"郡赋计米三千五百石，丽水占了二千五百石，以食堰利。"[1] 南宋初年，处州府城人口不足 1 万，明成化年间（1465—1487 年）增至 44000 余人，至清乾隆六十年（1795 年）为 174216 人。通济堰的诞生改变了碧湖平原的水系环境，使原本缺乏稳定灌溉水源的土地有了耕作条件，这直接影响到平原内各镇与村落的形成。沿渠受通济堰水利崛起的村镇，

---

[1] ［清］沈国琛.《通济堰志》，光绪三十四年（1908 年）装木活字本，浙江图书馆古籍部藏。

有些繁衍至今，如碧湖、保定、堰头、魏村等。因灌区农业发展崛起的碧湖镇，物资丰足、交通便利，一度成为丽水七邑及温、闽一带的集贸中心，富有"邑西都会"之美誉。碧湖镇兴起于明，到了清朝是灌区最大的镇，位于灌区上、下两源旁中之地，故而成为各源董事、经理商酌堰务的会集地。为方便各源管理者相聚议事，清光绪三十三年（1907年）在碧湖镇建起了西堰公所，供商议有关通济堰事项和堆放因租所收之谷，成为了通济堰活动的综合场所。碧湖镇成为通济堰的管理和指挥中心，人口的聚集更加促进了商贸的繁荣。镇中有几个面积较大的湖塘，原先位于聚落外部用于蓄水灌溉，随着聚落的扩张合并被建筑围合，逐渐形成公共活动空间。堰头村除村名因通济堰外，整个村落的布局与通济堰密不可分。通济堰大坝为整个通济渠的命脉所在，大坝旁滨河台地由堰头村主要负责堰坝管理和维护。村落形态与水系布局密切相关，呈扇形分布，主要道路沿着通济渠展开，村落的建筑沿古道而建，村庄东西两侧有龙王庙与文昌阁，两处皆成为聚落的公共中心。魏村位于上源地区，水网稀疏，其距主干渠有一定距离，居民引渠水蓄湖塘，形成"水塘环村"的景象，家族宗祠便位于聚落主街与湖塘相接处。泉庄村位于下源地区，渠系狭窄且支流密布，聚落连同水系一同扩张形成多水系相交的放射型格局。❶ 此外，通济堰水系还为碧湖平原沿途各村庄的人们提供了生活用水和运输的便利。

通济堰的建成，对碧湖平原民众的日常生活产生深远影响，形成了历史时期通济堰灌区特有的社会文化形态。龙庙祭祀是有记载最早的灌区官方水神祭祀活动。龙庙，亦称龙王庙、詹、南

---

❶ 崔子淇，郭巍. 丽水碧湖平原古堰灌区景观研究. 小城镇建设，2020，38（9）：12-21。

二司马庙，始建年代无从可考。宋元祐八年（1093 年）处州知州关景晖重修龙庙，并撰《丽水县通济堰詹南二司马庙记》："堰旁有庙，曰詹南二司马，不知其谁何，墙宇颓圮，像貌不严，报功之意失矣。"❶ 说明龙庙之前就存在，前历时已久。王庭芝《通济堰志》记载：

> 南朝梁天监四年司马詹、南二氏始为堰，是岁暴悍，功久不就。一日，有一老人指之曰："过溪遇异物，即营其地。"果见白蛇自南山绝溪北，营之乃就。❷

为表达对龙神的敬意，建此庙供奉。又因二司马筑堰有功，"恐二司马之功遂将泯没于世"，❶ 后世之人将二司马也奉于龙王庙内，配享祭祀。南宋《通济堰规》中对龙庙管理有专门的规定："堰上龙王庙、叶穴龙女庙，并重新修造。非祭祀及修堰，不得擅开，容闲杂人作践……一岁之间，四季合用祭祀"。可见宋代龙王庙、龙女庙已成为祭祀水神的重要场所，管理者通过龙神在民众心中不可违背的信仰权威，来加强民众对水利工程的责任意识。到了明代祭祀的规格有了明确的规定：

> 庙祀龙王、司马、丞相，所以报功。每年备猪羊一副，于六月朔日致祭，须正印官同水利官亲诣，不惟重民事，抑且整肃人心，申明信义，稽察利弊，自是奸民

---

❶ ［宋］关景晖.《丽水县通济堰詹南二司马庙记》，清宣统刻本《通济堰志》，浙江图书馆古籍部藏。

❷ ［清］王庭芝.《通济堰志》，清同治九年（1870 年）线装木活字本，浙江图书馆古籍部藏。

不敢倡乱。❶

宋开禧二年（1206年），何澹奏请朝廷调兵3000人，疏浚通济堰，改木筱堰为石堰，因其筑堰有功在明代被列入龙王庙，与詹、南二司马一同供奉，民间将何澹尊为何丞相。何澹建造石坝期间，需要有人下水摸清水情、定位基石，危险性极高。村里一位叫穆龙的青年，主动请缨潜入湍急的溪流中摸清水下漩涡位置，以血肉之躯堵住汹涌的暗流，使石坝得以最终建成。为了纪念穆龙，百姓在二司马庙前塑了一座穆龙像，供后人瞻仰。清代龙王庙和龙女庙都有官方举行的祭祀活动，道光《丽水县志》载：

> 每年六月朔，知府及水利同知，率堰长、公正人等，敬以猪羊告祭，分胙饮福，即日查看水利，申明禁约，商办一切事宜。至十一月，知府再诣致祭，以报岁功，并预筹来年事宜。❷

此外，设置专职庙祝维持二庙日常管理。清代除龙王庙、龙女庙外，碧湖镇上还出现了龙子庙、报功祠。龙子庙为清嘉庆十二年（1807年）所建，原先祭祀龙王和詹、南二司马，后来逐渐演化为祀奉龙子侯王：

> 俗改司马庙为白龙庙，遂附会为龙子庙，讥其拂情

---

❶ ［明］樊良枢．《丽水县通济堰新规八则》，清宣统刻本《通济堰志》卷一，浙江图书馆古籍部藏。
❷ ［清］道光《丽水县志》卷三，道光二十六年（1846年）刊本。

违礼，削而不书，然流传已久，民俗俎豆所归，且殿宇宏敞庄严，士大夫过者咸憩于此，故复存之，以当古迹云。❶

清光绪三十三年（1907 年），处州知府萧文昭大规模整修通济堰后，在龙子庙后修建了一所西堰公所，专供堰董、堰首们会集商议有关通济堰事项用，西堰公所的中堂，专门设立了一排神龛，供奉有功于通济堰的名宦先贤，以示报功崇德、尊仰前贤并激励后人：

西堰新建公所中堂宜设神龛，祀历朝有功堰务名宦先贤，序之牌位于上。至前中堂，先年塑有詹、南二司马像，两旁尚属宽敞，须于左旁添设神龛，将历任监修委员牌位序立；左旁添设神龛，将历来绅董、有功人等牌位序立，以昭功绩而励将来。此祠头门改为报功祠。❷

通济堰灌区每年有春、秋二祭，历朝历代都在举办，主要是纪念修建通济堰的历代先贤，贯彻通济堰堰规和欢庆丰收等，活动范围从堰头发展到上源、中源、下源，扩展到整个灌区碧湖平原。春祭开始于每年的三月初三，以龙子庙为出发点，龙子侯王出巡，出巡时设路祭，归殿后演戏，一直持续到农历四月十二日。秋祭，在八月中秋节举行，村民们把历代先贤敬为

---

❶ 丽水市莲都区史志办 . 民国《丽水县志》，赵治中点校，方志出版社，2017。
❷ ［清］萧文昭 .《关于通济堰善后碑示》，清宣统刻本《通济堰志》卷二，浙江图书馆古籍部藏。

第 5 章 地方水利与社会变迁研究——以丽水通济堰为例

大仙，把中秋节看成是大仙生日，举行祭拜大仙、颂先贤、庆丰收的活动。两次庙会合称双龙庙会，期间举办祭祀外，还有舞龙、灯会、翻龙泉、处州乱弹等民俗活动。除了春秋两祭以外还有一项民俗活动，每年六月初一，祭拜队伍高举龙旗，敲打着锣鼓，抬着五牲浩浩荡荡到堰头龙庙求雨祭拜龙王，祷告风调雨顺，抗旱保丰收。此外，通济堰灌区还有很多传说故事，如白龙坝的传说、穆龙坝的传说、护堰水牛的传说，等等。

通济堰经历代多次续建整修，自古便留下堰史、堰规，对筑堰、护堰等有功者均刻碑立于世，龙庙内原保存着唐至清代的碑刻 20 多块。如南宋范成大《丽水县修通济堰规》碑，立堰规二十条，对通济堰的组织管理、机构设置、用水制度、堰资使用，作了具体的规定；正所谓"通济堰溉田二千顷，为丽邑水利之最大者，范公条规，百世遵守可也。"❶ 通济堰图碑刻详细展示了碧湖平原的水利灌溉工程布局全貌，这套灌溉系统，通过水源河流-堰、圳、概、枝-湖泊、池塘、泉井-石函、斗门、叶穴等一系列的水利设施，分层调度，完成了防洪灌溉的有效结合。❷ 水利碑刻及碑文在灌区民众心中占有非常重要的地位，使得他们能够分享社会生态和水利系统的相关知识，以及相应的规则和经验累积。通济堰志书的资治教化作用也素为地方注重，樊良枢、王庭芝、沈国琛等修纂通济堰志。灌区乡民检举侵占盗水者时，多引经据典，官府亦效法先贤，处理案件皆"有籍可稽"。

---

❶ ［清］李遇孙．《栝苍金石志》卷五，新文丰出版公司，1982。
❷ 高元武．通济堰碑刻水利图解读．山西档案，2016（4）：135－137。

5.7 本 章 小 结

　　本章以浙江丽水通济堰灌区为典型案例,考察有关的生态系统和社会、经济、政治背景下,乡村社会围绕水资源开发利用形成的社会组织、制度安排、治理绩效和文化现象等及其发展、变迁,并进行理论阐释。

　　宋代通济堰进入不断完善的过程,堰坝-干渠-石函-叶穴-斗门-概-湖塘堰灌溉体系确立,管理体制逐步完善,宋代为堰首-上田户-甲头等为主体的管理体制,明代堰长-总正-公正制,清代董事制,实行三源轮灌制。通济堰灌区有较为完善的岁修制度,南宋范成大《通济堰规》确立了灌区最早的岁修制度,明代对岁修作了明确规定,清代岁修从十一月初开始,次年春耕前竣工。通济堰灌区有经费募集与劳役摊派制度,经费来源主要有摊派、堰田租谷、募捐等,劳动力征集遵循"按利均摊"的基本原则,通济堰规设有监督和惩罚措施。

　　通济堰水利系统能持续发挥功效的主要原因在于:通济堰对当地农业有巨大的灌溉效益,地方官府和地方民众形成利益共同体,官员和地方精英领导民众制定通济堰用水制度、工程管理制度以及制裁措施,强化管理组织,加强通济堰水利设施维护,并形成共同的社会规范,防范和纠正破坏行为,使得通济堰能持续发挥水利功能。

　　通济堰建成后,碧湖平原成为重要粮区,灌区供水效益持续扩大。受通济堰水利工程兴起的村镇,有些繁衍至今,众多村落的布局与通济堰密不可分。通济堰对碧湖平原民众的日常生活产生深远影响，形成了历史时期通济堰灌区特有的社会文化形态。灌区建有龙王庙、龙女庙、龙子庙、报功祠等，举办双龙庙会，还有很多传说故事。通济堰经历代多次续建整修，自古留下堰史、堰规，对筑堰、护堰等有功者均刻碑立于世，还有数部通济堰志。水神崇拜、祭祀先贤、民俗信仰与水利管理相融合一体，是跨村级水利社会对水资源公平分配等正常秩序维系的需要，它与灌区的水利工程相依相存，以此来加强同心保湖、协力治水的凝聚力，对维持灌区的公共价值观、支持用水规则起到重要的作用。

第 6 章

研究结论与展望

6.1 主要结论

近年来,通过水利这个视角来观察中国历史社会,吸引国内外历史学、社会学、经济学、人类学等诸多学科学者的兴趣。中国水利社会史研究方兴未艾,受到学界的持续关注,也产生丰富的研究成果。然而,现有研究在水利社会理论框架构建以及历史水权、水利共同体等理论分析方面尚有继续深化的空间。

基于此,本书借鉴社会-生态系统框架,整合现有的水利社会类型研究,构建水利社会分析框架;分析历史时期水权纠纷、水权界定、实施、保护以及水权交易等,为传统乡村围绕水权问题的诸多社会现象提供理论解释;聚焦公共水资源使用面临的集体行动问题,探讨传统乡村水利社会的治理成效及其关键因素;开展地方水利社会综合研究,考察社会、经济和政治背景和外部关联生态系统下的人水互动关系,探究由此延伸的乡村社会关系的形成、发展与变迁。主要研究结论如下:

(1)在社会-生态系统视野下,不同类型的水利社会可纳入统一的分析框架开展研究,探讨社会、经济和政治背景和外部关联生态系统下的水资源系统、资源单位、治理系统和行动者的互动关系及结果。基于该分析框架,可对特定区域水利社会开展综合性研究,实现对区域水利社会历史变迁的总体认识,也可考察水利与相关变量的联系,对一些具体议题开展专题研究。

(2)现有研究提出的"资源匮乏说"或"产权不清说",未能合理解释明清时期水权纠纷频繁的现象。本书提出的解释是:

随着水资源稀缺程度的提高，人们争夺水资源的意愿会增强，若原有的治理机制不能有效约束这种竞争，就需要进行制度变迁以适应情况的变化；而如果缺乏强有力的干预或激励，且制度变迁的成本高于所带来的收益，新的治理机制就不会内生形成，对人们竞争水资源的行为约束不足，因此，水权纠纷就会增多。

（3）历史时期乡村社会围绕水资源开发、利用的诸多现象，可以从水权界定、水权实施和水权保护的视角进行阐释。水权界定的方式不尽相同，还需在具体的实施中得以确认，管理组织建立和用水规则制定是为了降低产权实施的成本。产权的界定和实施须得到相关社会利益群体的广泛认同，才能真正有效；国家法律法规等正式制度和民间的非正式制度安排，都是水权保护的具体形式。

（4）湘湖对当地农业有巨大的灌溉效益，官员和部分乡绅作为水利共同体的利益代言人，领导民众制定湘湖管理制度、用水规则和制裁措施，强化管理组织，加强湘湖水利设施维护，灌区内形成共同的社会规范，防范和纠正破坏湘湖水利系统的行为，有效延缓、遏制了湘湖的湮废。因此，湘湖水利灌溉系统能持续运行数百年。

（5）影响湘湖、东钱湖、通利渠等灌溉系统治理成效的主要因素是：系统边界清晰，运行有效的治理组织，水权明晰、有共同认同的用水规则和管理制度、监督和惩罚机制，资源使用历史悠久，有组织管理才能且被信任的利益代言人作为领导者，形成共同的社会规范，对灌溉的依赖程度高。不同类型的治理模式并不是灌溉系统的成效决定因素；而是面对社会、经济、政治背景和生态条件的变迁，社会系统能否在一些关键因素上进行适应性调整，以实现社会-生态系统的持续发展。

（6）宋代通济堰进入不断完善的过程，堰坝-干渠-石函-叶穴-斗门-概-湖塘堰灌溉体系确立，管理体制逐步完善，宋代为堰首-上田户-甲头等为主体的管理体制，明代为堰长-总正-公正制，清代为董事制。通济堰对当地农业有巨大的灌溉效益，地方官府和地方民众形成利益共同体，官员和地方精英领导民众制定通济堰用水制度、工程管理制度以及制裁措施，强化管理组织，加强通济堰水利设施维护，并形成共同的社会规范，防范和纠正破坏行为，使得通济堰能持续发挥水利功能。

（7）受通济堰水利崛起的村镇，有些繁衍至今，众多村落的布局与通济堰密不可分。通济堰对碧湖平原民众的日常生活产生深远影响，水神崇拜、祭祀先贤、民俗信仰与水利管理相融合一体，是跨村级水利社会对水资源公平分配等正常秩序维系的需要，对维持灌区的公共价值观、支持用水规则起到重要的作用，形成了历史时期通济堰灌区特有的文化形态。

6.2 研 究 展 望

本书借鉴社会-生态系统框架构建的水利社会分析框架，可在不同类型水利社会研究之间建立起联系，提供关于水利社会的系统性认知，但其适用性和合理性有待进一步检验。在此基础上，研究者可改进和发展该分析框架，从中提炼出更具内涵的概念和理论，进而实现水利社会史理论体系的构建。

本书在剖析现有研究的基础上，对传统乡村围绕水权问题的诸多社会现象提出了新的理论解释。有兴趣的学者可开展更为广泛的个案研究，对这些解释的合理性进行验证，以深入探寻其中蕴含的共性规律。此外，本书重点关注历史水权、水利共同体等理论问题，对水利社会的其他方面涉猎较少，未来可在水利社会分析框架下，深入探讨水利与经济、文化、生态、地方治理、社会规范、宗教信仰等的关联。

　　本书运用社会-生态系统框架，识别出影响传统乡村灌溉系统治理成效的关键因素，并建立起相关变量的因果联系，为传统的水利共同体研究提供的新的视角。然而，本书仅对四个案例进行初步分析，所得出的结论并不一定具有普适性。因此，后续研究可在此基础上剖析更多的案例，并进行整合研究，不断增进传统乡村基层灌溉系统治理的知识积累。基于此，可进一步将国外经典理论与中国本土情境和实践相结合，或许能催生出具有重要价值的知识积累和学术洞见。

参 考 文 献

［1］ 阿尔钦 A. 产权：一个经典注释 ［C］//科斯 R，阿尔钦 A，诺斯 D. 财产权利与制度变迁：产权学派与新制度学派译文集. 上海：上海三联书店，上海人民出版社，1994.

［2］ 奥尔森. 集体行动的逻辑 ［M］，陈郁，郭宇峰，李崇新，译. 上海：格致出版社，上海三联书店，上海人民出版社，2019.

［3］ 奥斯特罗姆. 公共事物的治理之道：集体行动制度的演进 ［M］. 余逊达，陈旭东，译. 上海：上海译文出版社，2012.

［4］ 白尔恒，蓝克利，魏丕信. 沟洫佚闻杂录 ［M］. 北京：中华书局，2003.

［5］ 包伟民. 浙江区域史研究 ［M］. 杭州：杭州出版社，2003.

［6］ 滨岛敦俊. 明清江南农村社会与民间信仰 ［M］. 朱海滨，译. 厦门：厦门大学出版社，2008.

［7］ 蔡蕃. 集水利古籍大成的《中国水利史典》 ［J］. 运河学研究，2022（1）：252－267.

［8］ 蔡晶晶. 诊断社会-生态系统：埃莉诺·奥斯特罗姆的新探索 ［J］. 经济学动态，2012（8）：106－113.

［9］ 蔡堂根. 湘湖"均包湖米"辨疑 ［J］. 萧山记忆（第 4 辑），2011：10－15.

［10］ 钞晓鸿. 清代汉水上游的水资源环境与社会变迁 ［J］. 清史研

究，2005（2）：1-20.

[11]　钞晓鸿. 灌溉、环境与水利共同体：基于清代关中中部的分析
[J]. 中国社会科学，2006（4）：190-204.

[12]　钞晓鸿. 海外中国水利史研究：日本学者论集［M］. 北京：人
民出版社，2014.

[13]　陈方舟，谭徐明，李云鹏，等. 丽水通济堰灌区水利管理体系
的演进与启示［J］. 中国水利水电科学研究院学报，2016，
14（4）：260-266.

[14]　陈方舟. 曲坝长波润碧湖：丽水通济堰［M］. 武汉：长江出版
社，2023.

[15]　陈锋. 明清以来长江流域社会发展史论［M］. 武汉：武汉大学
出版社，2006.

[16]　陈国威. 清代雷州的水权问题探析：源于雷州一块清代水利碑
刻［J］. 农业考古，2017（4）：132-136.

[17]　陈美衍. 现代西方产权经济理论研究［D］. 上海：复旦大
学，2008.

[18]　陈桥驿. 论历史时期浦阳江下游的河道变迁［J］. 历史地理，
1981（1）：65-79.

[19]　陈桥驿，吕以春，乐祖谋. 论历史时期宁绍平原的湖泊演变
［J］. 地理研究，1984，3（3）：29-43.

[20]　陈桥驿. 历史时期西湖的发展和变迁：关于西湖是人工湖及其何
以众废独存的讨论［J］. 地域研究与开发，1985，4（2）：1-8.

[21]　陈涛. 梯级治理：自流灌区的传统水权分配机制：基于川西南
汪家村的调查与研究［J］. 中国农村研究，2017（1）：17-55.

[22]　陈涛. 明清时期萧绍平原的水利与地域社会［D］. 上海：上海

师范大学，2018.

[23] 陈志富．萧山水利史［M］．北京：方志出版社，2006.

[24] 陈志根．论湘湖九个世纪的功能嬗变［J］．史林，2008（1）：155-158.

[25] 陈志根．湘湖历史上官绅民间的合作与冲突［J］．浙江水利水电学院学报，2015，27（2）：1-5.

[26] 程森．自下而上：元以来沁河下游地区之用水秩序与社会互动［J］．中国历史地理论丛，2013，28（1）：94-106.

[27] 成岳冲．浅论宋元时期宁波水利共同体的褪色与回流［J］．中国农史，1997（1）：10-14.

[28] 崔晶．水资源跨域治理中的多元主体关系研究：基于微山湖水域划分和山西通利渠水权之争的案例分析［J］．华中师范大学学报（人文社会科学版），2018，57（2）：1-8.

[29] 崔子淇，郭巍．丽水碧湖平原古堰灌区景观研究［J］．小城镇建设，2020，38（9）：12-21.

[30] 丹乔二．试论中国历史上的村落共同体［J］．虞云国，译．史林，2005（4）：11-22.

[31] 党晓虹．明清晋陕地区乡规民约对水资源的管理及其作用探析［J］．农业考古，2010（6）：10-12.

[32] 党晓虹．传统水利规约对北方地区村民用水行为的影响：以山西"四社五村"为例［J］．兰州学刊，2010（10）：84-86.

[33] 董晓萍．陕西泾阳社火与民间水管理关系的调查报告［J］．北京师范大学学报，2001（6）：52-60.

[34] 董晓萍，蓝克利．不灌而治：山西四社五村水利文献与民俗［J］．北京：中华书局，2003.

[35] 董雁伟. 清代云南水权的分配与管理探析 [J]. 思想战线，2014，40（5）：116 - 122.

[36] 杜靖. 中国经验中的区域社会研究诸模式 [J]. 社会史研究，2016：210 - 262.

[37] 杜静元. 清末河套地区民间社会组织与水利开发 [J]. 开放时代，2012（3）：117 - 123.

[38] 杜静元. 组织、制度与关系：河套水利社会形成的内在机制：兼论水利社会的一种类型 [J]. 西北民族研究，2019（1）：193 - 203.

[39] 杜赞奇. 文化权力与国家：1900—1942 年的华北农村 [M]. 王福明，译. 南京：江苏人民出版社，1994.

[40] 范艳萍. 社会科学视域下的农村水利研究 [J]. 南京工业大学学报（社会科学版），2015，14（4）：111 - 117.

[41] 费先梅. 清代豫西地区水纠纷解决机制研究 [D]. 郑州：郑州大学，2013.

[42] 冯贤亮. 清代江南乡村的水利兴替与环境变化：以平湖横桥堰为中心 [J]. 中国历史地理论丛，2007（3）：38 - 55.

[43] 冯贤亮. 近世浙西的环境、水利与社会 [M]. 北京：中国社会科学出版社，2010.

[44] 冯贤亮. 清代至民国前期浙西山村的水利与社会 [J]. 历史地理（第 25 辑），2011：292 - 306.

[45] 弗里德曼. 中国东南的宗族组织 [M]，刘晓春，译. 上海：上海人民出版社，2000.

[46] 甘肃省临夏州博物馆. 清河州契文汇编 [M]. 兰州：甘肃人民出版社，1993.

[47] 高元武. 通济堰碑刻水利图解读 [M]. 山西档案，2016（4）：

135 - 137.

[48] 郜明钰，石涛．清代区域水资源配置效率的理论空间：山西水利社会问题研究综述 ［J］．中国农史，2023，42（1）：84 - 93.

[49] 葛剑雄．论秦汉统一的地理基础：兼评魏特夫的《东方专制主义》［J］．中国史研究，1994（2）：20 - 29.

[50] 顾廷龙．清代硃卷集成（第273册）［M］．台北：成文出版社，1992.

[51] 管彦波．西南民族村域用水习惯与地方秩序的构建：以水文碑刻为考察的重点 ［J］．西南民族大学学报（人文社会科学版），2013，34（5）：32 - 37.

[52] 管彦波．理论与流派：社会史视野下的中国水利社会研究 ［J］．创新，2016，10（4）：5 - 12.

[53] 韩洪云，李寒凝．契约经济学：起源、演进及其本土化发展 ［J］．浙江大学学报（人文社会科学版），2018，48（2）:55 - 71.

[54] 韩茂莉．近代山陕地区地理环境与水权保障系统 ［J］．近代史研究，2006（1）：44 - 58.

[55] 郝亚光．治水社会：被东方专制主义遮蔽的社会治水：基于"深度中国调查"的案例总结 ［J］．云南社会科学，2020（6）：15 - 21.

[56] 何国强．论卡尔·魏特夫的东方国家起源说 ［J］．中山大学学报（社会科学版），1996（5）：46 - 52.

[57] 何彦超，惠富平．官民合办：明清时期莆田地区农田水利管理模式 ［M］．西北农林科技大学学报（社会科学版）2019，19（5）：140 - 147.

[58] 侯慧粦．湘湖的形成演变及其发展前景 ［J］．地理研究，1988，

7 (4)：32 - 39.

[59] 侯慧舜 . 湘湖的自然地理及其兴废过程 [J]. 杭州大学学报，
1989，16 (1)：89 - 95.

[60] 侯江华 . 水利共同体：变迁与治理：基于以湘南高村为中心的
水利共同体的个案研究 [D]. 武汉：华中师范大学，2015.

[61] 胡伟 . 水权研究的社会学视角及其现实意义 [J]. 社科纵横，
2012，27 (9)：74 - 79.

[62] 胡英泽 . 晋藩与晋水：明代山西宗藩与地方水利 [J]. 中国历
史地理论丛，2014，29 (2)：122 - 135.

[63] 胡勇军 . "厚古薄近"：近四十年来江南水利史研究的回顾与展
望 [J]. 运河学研究，2021 (1)：220 - 241.

[64] 黄强 . 萧绍平原河湖水利体系变迁与湘湖兴废之关系研究
(1112—1927 年) [D]. 上海：上海师范大学，2013.

[65] 黄仁宇 . 中国大历史 [D]. 上海：生活·读书·新知三联书
店，2007.

[66] 黄竹三，冯俊杰，等 . 洪洞介休水利碑刻辑录 [D]. 北京：中
华书局，2003.

[67] 冀朝鼎 . 中国历史上的基本经济区与水利事业的发展 [M]. 朱
诗鳌，译 . 北京：中国社会科学出版社，1981.

[68] 佳宏伟 . 水资源环境变迁与乡村社会控制：以清代汉中府的堰
渠水利为中心 [J]. 史学月刊，2005 (4)：14 - 21.

[69] 贾征，张乾元 . 水利社会学论纲 [M]. 武汉：武汉水利电力大
学出版社，2000.

[70] 蒋剑勇 . 产权界定、政府推动与官员激励：东阳—义乌水权交
易的经济解释 [J]. 中国水利，2015 (9)：13 - 16.

[71] 蒋剑勇. 本土化产权理论的思考：基于历史时期水权问题的研究 [J]. 浙江水利水电学院学报，2023，35（2）：11 - 15.

[72] 蒋剑勇. 社会-生态系统视野下的水利社会分析框架研究 [J]. 水文化，2023（8）：16 - 19.

[73] 蒋剑勇. 治水国家、水利共同体和水利社会：水利社会史的若干理论问题探讨 [J]. 浙江水利水电学院学报，2023，35（5）：42 - 45.

[74] 金安平，王格非. 水治理中的国家与社会"共治"：以明清水利碑刻为观察对象 [J]. 北京行政学院学报，2022（3）：28 - 39.

[75] 金观涛，刘青峰. 中国历史上封建社会的结构：一个超稳定系统 [J]. 贵阳师院学报（社会科学版），1980（1）：5 - 24.

[76] 金观涛，刘青峰. 中国历史上封建社会的结构：一个超稳定系统（续）[J]. 贵阳师院学报（社会科学版），1980（3）：34 - 49.

[77] 康欣平. 从"引泾"到"断泾疏泉"：明清陕西渭北水利中的引水争议及裁定 [J]. 山西大学学报（哲学社会科学版），2011，34（2）：90 - 97.

[78] 李并成. 明清时期河西地区"水案"史料的梳理研究 [J]. 西北师大学报（社会科学版），2002（6）：69 - 73.

[79] 李伯重. 水与中国历史：第 21 届国际历史科学大会开幕式的基调报告 [J]. 思想战线，2013，39（5）：2 - 6.

[80] 李晨晖，高灵. 明清时期松古灌区水权管理机制考论 [J]. 浙江水利水电学院学报，2023，34（1）：14 - 20.

[81] 李嘎. "罔恤邻封"：北方丰水区的水利纷争与地域社会：以清前中期山东小清河中游沿线为例 [J]. 中国社会经济史研究，2011（4）：62 - 72.

参考文献

[82] 李华. 隐蔽的水分配政治：以河北宋村为例 [J]. 北京：社会科学文献出版社，2018.

[83] 李建，沈志忠. 水利的兴修与秩序的重建：山西农村水利社会探析：以清末至民国晋东地区为中心的考察 [J]. 农业考古，2021 (6)：168 - 177.

[84] 李孔岳，罗必良. 产权：一个分析框架及其应用 [J]. 南方经济，2002 (5)：9 - 12.

[85] 丽水市莲都区史志办. 丽水县志（民国版）[J]. 北京：方志出版社，2017.

[86] 丽水市莲都区志编纂委员会. 丽水市莲都区志 [J]. 北京：方志出版社，2018.

[87] 李晓方，陈涛. 明清时期萧绍平原的水利协作与纠纷：以三江闸议修争端为中心 [J]. 史林，2019 (2)：88 - 99.

[88] 李雪梅. 古代法律规范的层级性结构：从水利碑刻看非制定法的性质 [J]. 华东政法大学学报，2016，19 (4)：33 - 43.

[89] 李约瑟. 中国科学技术史（第四卷第三分册土木工程及航海技术）[M]. 汪受琪，等译. 北京：科学出版社，2008.

[90] 李祖德，陈启能. 评魏特夫的《东方专制主义》 [M]. 北京：中国社会科学出版社，1997.

[91] 梁洪生. 捕捞权的争夺："私业""官河"与"习惯"：对鄱阳湖区渔民历史文书的解读 [J]. 清华大学学报（哲学社会科学报），2008，23 (5)：48 - 60.

[92] 廖艳彬. 20年来国内明清水利社会史研究回顾 [J]. 华北水利水电大学学报（社会科学版），2008 (1)：13 - 16.

[93] 廖艳彬. 明清地方水利建设管理中的国家干预：以赣江中游地

社会—生态系统视野下的水利社会研究

区为中心 [J]. 江西社会科学，2012，32（5）：123 - 127.

[94] 廖艳彬. 创建权之争：水利纠纷与地方社会：基于清代鄱阳湖流域的考察 [J]. 南昌大学学报（人文社科版），2014（5）：105 - 110.

[95] 廖艳彬. 陂域型水利社会研究：基于江西泰和县槎滩陂水利系统的社会史考察 [M]. 北京：商务印书馆，2017.

[96] 林昌丈. 水利灌区的形成及其演变：以处州通济堰为中心 [J]. 中国农史，2011（3）：93 - 102.

[97] 林昌丈. "通济堰图"考 [J]. 中国地方志，2013（12）：39 - 43.

[98] 刘东. 巴泽尔的产权理论评介 [J]. 南京大学学报（哲学·人文科学·社会科学版），2000（6）：137 - 142.

[99] 刘文远. 清代北方农田水利史研究综述 [J]. 清史研究，2009，73（2）：139 - 152.

[100] 刘世定. 占有制度的三个维度及占有认定机制：以乡镇企业为例 [M] //潘乃谷，马戎. 社区研究与社会发展. 天津：天津人民出版社，1996.

[101] 刘诗古. 明末以降鄱阳湖地区"水面权"之分化与转让：以"卖湖契"和"租湖字"为中心 [J]. 清史研究，2015（3）：66 - 79.

[102] 刘诗古. 资源、产权与秩序：明清鄱阳湖区的渔课制度与水域社会 [M]. 北京：社会科学文献出版社，2018.

[103] 刘诗古. 清代内陆水域渔业捕捞秩序的建立及其演变：以江西鄱阳湖区为中心 [J]. 近代史研究，2018（3）：56 - 73.

[104] 刘守英，路乾. 产权安排与保护：现代秩序的基础 [J]. 学术月刊，2017，49（5）：40 - 47.

[105] 李陶红 . 水资源与地方社会: 以山西介休洪山村的兴衰为例 [J]. 广西民族大学学报 (哲学社会科学版), 2015, 37 (3): 9 - 14.

[106] 刘修明 . "治水社会" 和中国的历史道路 [J]. 中国史研究, 1994 (2): 10 - 19.

[107] 卢梭 . 论人类不平等的起源和基础 [M]. 李常山, 译 . 北京: 商务印书馆, 1962.

[108] 鲁西奇 . 中国历史上的 "核心区": 概念与分析理路 [J]. 厦门大学学报 (哲学社会科学版), 2010 (9): 5 - 13.

[109] 鲁西奇 . "水利社会" 的形成: 以明清时期江汉平原的围垸为中心 [J]. 中国经济史研究, 2013 (2): 22 - 139.

[110] 卢勇, 余加红 . 明末黄河中下游水利衰败与社会变迁 (1573—1644) [J]. 云南社会科学, 2019 (2): 162 - 173.

[111] 罗必良 . 从产权界定到产权实施: 中国农地经营制度变革的过去与未来 [J]. 农业经济问题, 2019 (1): 17 - 31.

[112] 吕娟, 张伟兵 . 求真求实与经世致用: 20 世纪以来中国水利史研究发展历程回顾 [J]. 科学新闻, 2017 (11): 81 - 82.

[113] 马建强, 公坤 . 近 10 年中国 "水历史" 研究的新视角、新问题与新方法: 以历史流域学与水利社会史为中心 [J]. 社会科学动态, 2022 (9): 87 - 94.

[114] 马琦 . 明清时期滇池流域的水利纠纷与社会治理 [J]. 思想战线, 2016 (3): 133 - 140.

[115] 马泰成 . 中国水利社会下的政治理性与经济效率 [J]. 制度经济学研究, 2017 (3): 1 - 43.

[116] 马晓强 . 水权与水权的界定: 水资源利用的产权经济学分析

社会—生态系统视野下的水利社会研究

[J]. 北京行政学院学报，2002（1）：37-41.

[117] 毛丹. 村落共同体的当代命运：四个观察维度 [J]. 社会学研究，2010，25（1）：1-33.

[118] 毛振培. 湘湖水利管理的历史经验 [J]. 古今农业，1990（2）：62-67.

[119] 那力，杨楠. 对公共环境资源上私人权利的限制：奥斯特罗姆的"自主治理理论"与英国的公地法 [J]. 社会科学战线，2013（8）：277-278.

[120] 诺思 C. 制度、制度变迁与经济绩效 [J]. 刘守英，译. 上海：上海三联书店，上海人民出版社，1994.

[121] 诺思 C. 经济史中的结构与变迁 [J]. 陈郁，罗华平，等译. 上海：上海三联书店，上海人民出版社，1994.

[122] 潘承玉. 明清绍兴的人口规模与"士多"现象：韩国崔溥《漂海录》有关绍兴记载解读 [J]. 浙江社会科学，2011（2）：74-82.

[123] 潘春辉. 水事纠纷与政府应对：以清代河西走廊为中心 [J]. 西北师大学报（社会科学版），2015，52（2）：48-53.

[124] 潘建英，谷慧香. 穿越时空的《芳溪堰档案》[J]. 浙江档案，2013（11）：44-45.

[125] 潘洁，陈朝辉. 西夏水权及其渊源考 [J]. 宁夏社会科学. 2020（1）：187-190.

[126] 潘威. 清前中期伊犁锡伯营水利营建与旗屯社会 [J]. 西北民族论丛，2020（1）：111-130.

[127] 潘威. 清代民国时期伊犁锡伯旗屯水利社会的形成与瓦解 [J]. 西域研究，2020（3）：94-105；

[128] 潘威，刘迪. 民国时期甘肃民勤传统水利秩序的瓦解与"恢

复"[J]. 中国历史地理论丛，2021，36（1）：39-45.

[129] 彭雨新，张建民. 明清长江流域农业水利研究 [M]. 武汉：武汉大学出版社，1992.

[130] 平乔维奇. 产权经济学：一种关于比较体制的理论 [M]. 蒋琳琦，译. 北京：经济科学出版社，1993.

[131] 珀杜 C. 明清时期的洞庭湖水利 [J]. 历史地理，1982（4）：215-225.

[132] 祁建民. 山西四社五村水利秩序与礼治秩序 [J]. 广西民族大学学报（哲学社会科学版）2015，37（3）：15-21.

[133] 祁建民. 水利民主改革与水资源公共性的彻底实现：以山陕地区水利社会史的变革为中心 [J]. 广东社会科学，2018（3）：125-135.

[134] 饶明奇. 清代黄河流域水利法制研究 [M]. 郑州：黄河水利出版社，2009.

[135] 钱杭. "均包湖米"：湘湖水利共同体的制度基础 [J]. 浙江社会科学，2004（6）：163-169.

[136] 钱杭. 共同体理论视野下的湘湖水利集团：兼论"库域型"水利社会 [J]. 中国社会科学，2008（2）：167-185.

[137] 钱杭. 库域型水利社会研究 [M]. 上海：上海人民出版社，2009.

[138] 钱穆. 中国历史研究法 [M]. 上海：生活·读书·新知三联书店，2001.

[139] 秦建明，吕敏. 尧山圣母庙与神社 [M]. 北京：中华书局，2003.

[140] 秦泗阳. 制度变迁理论的案例分析：中国古代黄河流域水权制

度变迁［D］. 西安：陕西师范大学，2001.

[141] 萨缪尔森 A，诺德豪斯 D. 经济学［M］. 高鸿业，等译. 北京：中国发展出版社，1992.

[142] 森田明. 清代水利社会史研究［M］. 郑樑生，译. 台北：台湾编译馆，1996.

[143] 森田明. 中国水利史研究的近况及新动向［J］. 孙登州，张俊峰，译. 山西大学学报（哲学社会科学版），2011，34（3）：48-53.

[144] 森田明. 清代水利与区域社会［M］. 雷国山，译. 济南：山东画报出版社，2008.

[145] 佘树声. 从中国国家起源看魏特夫对历史的歪曲［J］. 中国史研究，1994（2）：3-9.

[146] 折晓叶，陈婴婴. 产权怎样界定：一份集体产权私化的社会文本［J］. 社会学研究，2005（4）：1-43.

[147] 申汇. 评魏特夫《东方专制主义》研讨会述要［J］. 中国史研究动态，1994（7）：16-19.

[148] 沈建华，蒋剑勇. 小型农田水利设施产权制度改革的核心问题及典型案例分析［J］. 中国水利，2019（1）：49-51.

[149] 沈满洪，陈锋. 我国水权理论研究述评［J］. 浙江社会科学，2002（5）：173-178.

[150] 石峰. "水利"的社会文化关联：学术史检阅［J］，贵州大学学报（社会科学版），2005，23（3）：48-53.

[151] 石峰. 无纠纷之"水利社会"：黔中鲍屯的案例［J］. 思想战线，2013（1）：42-45.

[152] 山西省晋南专区霍泉渠灌区. 灌溉管理总结报告［R］. 1954.

[153] 埃尔文．市镇与水道：1480—1910 年的上海县［M］//施坚雅．中华帝国晚期的城市．叶光亭，等译．北京：中华书局，2000．

[154] 石腾飞．"关系水权"与社区水资源治理：内蒙古查村的个案研究［J］.中国农村观察，2018（1）：40-52．

[155] 斯波义信．《湘湖水利志》和《湘湖考略》：浙江省萧山县湘湖水利始末［J］.胡德芬，译．中国历史地理论丛，1985（2）：220-248．

[156] 斯波义信．宋代江南经济史研究［M］.方健，何忠礼，译．南京：江苏人民出版社，2000．

[157] 宋烜．丽水通济堰与浙江古代水利研究［M］.杭州：浙江大学出版社，2008．

[158] 宋靖野．水利、市场与社会变迁：对川南五通堰的历史人类学考察（1877—1941）［J］.中国社会经济史研究，2017（2）：48-55．

[159] 苏泽龙．灌溉与稻作：晋水流域民间文化信仰研究［J］.世界宗教研究，2018（3）：134-141．

[160] 谭江涛，蔡晶晶，张铭．开放性公共池塘资源的多中心治理变革研究：以中国第一包江案的楠溪江为例［J］.公共管理学报，2018，15（3）：102-116．

[161] 谭徐明．从历史、当代、未来中追寻水利的真谛：水利史研究的回顾与展望［J］.中国水利水电科学研究院学报，2008，6（3）：231-237．

[162] 田东奎．中国近代水权纠纷解决机制研究［J］.中国政法大学出版社，2006．

[163] 田宓．"水权"的生成：以归化城土默特大青山沟水为例 [J]．中国经济史研究，2019（2）：111-123.

[164] 田宓．水利秩序与蒙旗社会：以清代以来黄河河套万家沟小流域变迁史为例 [J]．中国历史地理论丛，2021，36（1）：31-38.

[165] 田中娟．通济堰文化现象探寻 [J]．丽水学院学报，2011，33（6）：35-38.

[166] 铁木尔．内蒙古土默特金氏蒙古家族契约文书汇集 [M]．北京：中央民族大学出版社，2011.

[167] 涂成林．治水社会与东方专制主义的互动逻辑：基于马克思与魏特夫的比较视角 [J]．哲学研究，2013（3）：25-32.

[168] 王敦书，谢霖．对马克思亚细亚生产方式理论实质的曲解：评魏特夫的《东方专制主义》 [J]．史学理论研究，1995（2）：14-26.

[169] 王建革．河北平原水利与社会分析（1368—1949） [J]．中国农史，2000（2）：55-65.

[170] 王建革．清末河套地区的水利制度与社会适应 [J]．近代史研究，2001（6）：127-152.

[171] 王建革．明代江南的水利单位与地方制度：以常熟为例 [J]．中国史研究，2011（2）：165-179.

[172] 王庆明，蔡伏虹．产权的社会视角：基于对现代产权经济学的检视：立足转型中国的思考 [J]．福建论坛（人文社会科学版），2013（4）：172-180.

[173] 王龙飞．近十年来中国水利社会史研究述评 [J]．华中师范大学研究生学报，2010，17（1）：121-126.

[174] 王铭铭 . "水利社会" 的类型 [J]. 读书, 2004 (11)：18 - 23.

[175] 王宁 . 从市场机制到经济治理：从奥斯特罗姆获诺贝尔奖展望
经济学的未来发展 [J]. 经济学动态, 2009 (12)：94 - 99.

[176] 王培华 . 清代河西走廊的水资源分配制度：黑河、石羊河流域
水利制度的个案考察 [J]. 北京师范大学学报 (社会科学版),
2004 (3)：92 - 99.

[177] 王荣, 郭勇 . 清代水权纠纷解决机制：模式与选择 [J]. 甘肃
社会科学, 2007 (5)：99 - 103.

[178] 王亚华 . 水权解释 [M]. 上海：上海人民出版社, 2005.

[179] 王亚华 . 治水与治国：治水派学说的新经济史学演绎 [J]. 清
华大学学报 (哲学社会科学版), 2007 (4)：117 - 129.

[180] 王亚华 . 诊断社会生态系统的复杂性：理解中国古代的灌溉自
主治理 [J]. 清华大学学报 (哲学社会科学版), 2018,
33 (2)：178 - 191.

[181] 王亚华, 王睿, 康静宁 . 公共事物治理制度设计原则的检验与
反思 [J]. 北大政治学评论, 2022 (1)：3 - 25.

[182] 王战扬 . 20 世纪以来宋代水利史研究述评 [J]. 云南社会科
学, 2017 (4)：164 - 172.

[183] 王正 . 如何理解 "东方专制主义"："评《东方专制主义》课题
组" 专题讨论会观点综述 [J]. 史学理论研究, 1992 (2)：
147 - 149.

[184] 魏特夫 A. 东方专制主义：对于集权力量的比较研究 [J]. 徐
式谷, 等译 . 北京：中国社会科学出版社, 1989.

[185] 魏文斌 . 从 "治水社会" 到 "水利社会"：改革开放以来魏特夫
史学思想在中国的传播与回响 [J]. 浙江水利水电学院学报,

2022，34（4）：12－17.

[186] 吴大琨. 驳卡尔·魏特夫的《东方专制主义》[J]. 历史研究，
1982（4）：27－36.

[187] 武汉水利电力学院，水利水电科学研究院《中国水利史稿》编
写组. 中国水利史稿（上册）[M]. 北京：水利电力出版
社，1979.

[188] 武汉水利电力学院《中国水利史稿》编写组. 中国水利史
稿（中册）[M]. 北京：水利电力出版社，1987.

[189] 水利水电科学研究院《中国水利史稿》编写组. 中国水利史
稿（下册）[M]. 北京：水利电力出版社，1989.

[190] 吴明晏. 近三十年来水利史与水利纠纷研究综述[J]. 华北水
利水电大学学报（社会科学版），2020，36（4）：21－26.

[191] 吴滔. 明清江南地区的"乡圩"[J]. 中国农史，1995（3）：
54－61.

[192] 吴媛媛. 明清时期徽州民间水利组织与地域社会：以歙县西乡
昌堨、吕堨为例[J]. 安徽大学学报（哲学社会科学版），
2013（2）：104－111.

[193] 项露林，张锦鹏. 从"水域权"到"地权"：产权视阈下"湖域社
会"的历史转型：以明代两湖平原为中心[J]. 河南社会科学，
2019（4）：119－124.

[194] 萧邦齐. 九个世纪的悲歌：湘湖地区社会变迁研究[M]. 姜
良芹，全先梅，译. 北京：社会科学文献出版社，2008.

[195] 萧正洪. 历史时期关中地区农田灌溉中的水权问题[J]. 中国
经济史研究，1999（1）：48－66.

[196] 萧正洪. 传统农民与环境理性：以黄土高原地区传统农民与环境

之间的关系为例 [J]. 陕西师范大学学报, 2000 (4): 83-91.

[197] 谢继昌. 水利与社会文化之适应: 蓝城村的例子 [J]. 民族学研究所集刊, 1973 (36): 19-73.

[198] 谢继忠. 民国时期石羊河流域水权交易的类型及其特点: 以新发现的武威、永昌契约文书为中心 [J]. 历史教学月刊, 2018 (18): 64-69.

[199] 谢继忠, 罗将, 毛雨辰. 契约文书所见清代石羊河流域的水权交易: 民间文书与明清以来甘肃社会经济研究之二 [J]. 西夏研究, 2022 (1): 100-106.

[200] 谢继忠, 罗将, 毛雨辰. 清代以来河西走廊水权交易初探: 民间文书与明清以来甘肃社会经济研究之三 [J]. 河西学院学报, 2022, 38 (1): 12-21.

[201] 谢湜. "利及邻封": 明清豫北的灌溉水利开发和县际关系 [J]. 清史研究, 2007 (2): 12-27.

[202] 谢湜. 高乡与低乡: 11—16 世纪江南区域历史地理研究 [M]. 上海: 生活·读书·新知三联书店, 2015.

[203] 谢小芹, 周海荣. "水权—治权": 丰水型社会中的水权运行机制: 基于四川成都夏雨村的实地调研 [J]. 民俗研究, 2019 (5): 136-144.

[204] 行龙. 明清以来山西水资源匮乏及水案初步研究 [J]. 科学技术与辩证法, 2000 (6): 31-34.

[205] 行龙. 晋水流域 36 村水利祭祀系统个案研究 [J]. 史林, 2005 (4): 1-10.

[206] 行龙. 从 "治水社会" 到 "水利社会" [J]. 读书, 2005 (8): 55-62.

[207] 行龙."水利社会史"探源：兼论以水为中心的山西社会 [J].
山西大学学报（哲学社会科学版），2008，31（1）：33-38.

[208] 行龙.何以研究明清以来"以水为中心"的晋水流域？[J].
山西大学学报（哲学社会科学版），2011，34（3）：83-86.

[209] 熊元斌.清代浙江地区水利纠纷及其解决的办法 [J].中国农
史，1988（3）：49-59.

[210] 熊元斌.清代江浙地区农田水利的经营和管理 [J].中国农
史，1993（1）：84-92.

[211] 徐斌.以水为本位：对"土地史观"的反思与"新水域史"的提出
[J].武汉大学学报（人文科学版），2017，70（1）：122-128.

[212] 许博.塑造河名构建水权：以清代"石羊河"名为中心的考察
[J].中国历史地理论丛，2013（1）：117-126.

[213] 亚里士多德.政治学 [M].吴寿彭，译.北京：商务印书
馆，1965.

[214] 晏雪平.二十世纪八十年代以来中国水利史研究综述 [J].农
业考古，2009（1）：187-200.

[215] 杨伯峻.孟子译注 [M].北京：中华书局，2010.

[216] 杨辉建."基本经济区"分析理路的学术史回顾 [J].中国社
会经济史研究，2013（4）：93-102.

[217] 姚汉源.中国水利史纲要 [M].北京：水利电力出版
社，1987.

[218] 尹玲玲，王卫.明清时期夏盖湖的垦废变迁及其原因分析
[J].中国农史，2016，35（1）：122-129.

[219] 余浩然.水利兴修与共同体形成：三十年来的研究与回顾
[J].江南大学学报（人文社会科学版），2018，17（4）：38-

43.

[220] 袁庆明．新制度经济学的产权界定理论述评［J］．中南财经政法大学学报，2008（6）：25-30.

[221] 云广．清代至民国时期归化城土默特土地契约（第4册上卷）［M］．呼和浩特：内蒙古大学出版社，2012.

[222] 张爱华．"进村找庙"之外：水利社会史研究的勃兴［J］．史林，2008（5）：166-177.

[223] 鲁西奇．明清时期江汉平原的围垸：从"水利工程"到"水利共同体"［M］//张建民，鲁西奇．历史时期长江中游地区人类活动与环境变迁专题研究．武汉：武汉大学出版社，2011.

[224] 张俊飞．以东钱湖为中心的水利社会考略［J］．农业考古，2013（3）：124-129.

[225] 张俊峰．水权与地方社会：以明清以来山西省文水县甘泉渠水案为例［J］．山西大学学报（哲学社会科学版），2001，24（6）：5-9.

[226] 张俊峰．明清以来晋水流域水案与乡村社会［J］．中国社会经济史研究，2003（2）：35-44.

[227] 张俊峰．介休水案与地方社会：对泉域社会的一项类型学分析［J］．史林，2005（3）：102-110.

[228] 张俊峰．明清时期介休水案与"泉域社会"分析［J］．中国社会经济史研究．2006（1）：9-18.

[229] 张俊峰．率由旧章：前近代汾河流域若干泉域水权争端中的行事原则［J］．史林，2008（2）：87-93.

[230] 张俊峰．前近代华北乡村社会水权的形成及其特点：山西"滦池"的历史水权个案研究［J］．中国历史地理论丛，

2008 (4)：117 – 122.

[231]　张俊峰.前近代华北乡村社会水权的表达与实践：山西"滦池"的历史水权个案研究 [J].清华大学学报（哲学社会科学版），2008 (4)：35 – 45.

[232]　张俊峰.传说、仪式与秩序：山西泉域社会"水母娘娘"信仰解读 [J].传统中国研究集刊，2008，5：386 – 399.

[233]　张俊峰.油锅捞钱与三七分水：明清时期汾河流域的水冲突与水文化 [J].中国社会经济史研究，2009 (4)：40 – 50.

[234]　张俊峰.水利社会的类型：明清以来洪洞水利与乡村社会变迁 [M].北京：北京大学出版社，2012.

[235]　张俊峰.二十年来中国水利社会史研究的新进展 [J].社会史研究，2012：163 – 187.

[236]　张俊峰.明清中国水利社会史研究的理论视野 [J].史学理论研究，2012 (2)：97 – 107.

[237]　张俊峰.超越村庄："泉域社会"在中国研究中的意义 [J].学术研究，2013 (7)：104 – 111.

[238]　张俊峰.清至民国山西水利社会中的公私水交易：以新发现的水契和水碑为中心 [J].近代史研究，2014 (5)：56 – 71.

[239]　张俊峰.清至民国内蒙古土默特地区的水权交易：兼与晋陕地区比较 [J].近代史研究，2017 (3)：83 – 94.

[240]　张俊峰.泉域社会：对明清山西环境史的一种解读 [M].北京：商务印书馆，2018.

[241]　张俊峰.当前中国水利社会史研究的新视角与新问题 [J].史林，2019 (4)：208 – 214.

[242]　张俊峰.中国水利社会史研究的空间、类型与趋势 [J].史学

理论研究. 2022（4）：135－145.

[243]　张俊峰. 不确定性的世界：一个洪灌型水利社会的诉讼与秩序：
　　　　基于明清以来晋南三村的观察［J］. 近代史研究，2023（1）：
　　　　31－48.

[244]　张克中. 公共治理之道：埃莉诺·奥斯特罗姆理论述评［J］.
　　　　政治学研究，2009（6）：83－93.

[245]　张露露. 湖域社会水资源治理研究［J］. 求实，2019（5）：
　　　　68－77.

[246]　张佩国，王扬. "山有多高，水有多高"，择塘村水务工程中的
　　　　水权与林权［J］. 社会，2011（2）：177－200.

[247]　张佩国. "共有地"的制度发明［J］. 社会学研究，2012，27（5）：
　　　　204－223.

[248]　张权. 明清时期绍兴地区水环境变迁研究［D］. 杭州：浙江大
　　　　学，2017.

[249]　张玮. 明清以来太行山地区水文化与乡村社会：以黎城龙王社
　　　　庙为中心的考察［J］. 地域文化研究，2020（1）：36－49.

[250]　张五常. 经济解释［M］. 北京：中信出版社，2014.

[251]　张小军. 象征地权与文化经济：福建阳村的历史地权个案研究
　　　　［J］. 中国社会科学，2004（3）：121－135.

[252]　张小军. 复合产权：一个实质论和资本体系的视角：山西介休
　　　　洪山泉的历史水权个案研究［J］. 社会学研究，2007（4）：
　　　　23－50.

[253]　张小军. 文化经济学的视野："私有化"与"市场化"反思：
　　　　兼论"广义科斯定理"和产权公平［J］. 江苏社会科学，
　　　　2011（6）：1－12.

[254] 张学会. 河东水利石刻 [M]. 太原：山西人民出版社，2004.

[255] 张亚辉. 灌溉制度与礼治精神：晋水灌溉制度的历史人类学考察 [J]. 社会学研究，2010，25 (4)：143－174.

[256] 张裕童. 改革开放 40 年来的中国水利史研究 [J]. 华北水利水电大学学报（社会科学版），2019，35 (4)：1－6.

[257] 张志旻，赵世奎，任之光，等. 共同体的界定、内涵及其生成：共同体研究综述 [J]. 科学学与科学技术管理，2010，31 (10)：14－20.

[258] 赵世瑜. 分水之争：公共资源与乡土社会的权力和象征：以明清山西汾水流域的若干案例为中心 [J]. 中国社会科学，2005 (2)：189－203.

[259] 赵淑清. 关中地区水利纠纷研究综述 [J]. 古今农业，2012 (1)：62－66.

[260] 郑肇经. 中国水利史 [M]. 北京：商务印书馆，1993.

[261] 郑振满. 明清福建沿海农田水利制度与乡族组织 [J]. 中国社会经济史研究，1987 (4)：38－45.

[262] 周魁一. 中国科学技术史·水利卷 [M]. 北京：科学出版社，2002.

[263] 周雪光. 关系产权：产权制度的一个社会学解释 [J]. 社会学研究，2005 (2)：1－31.

[264] 周亚，张俊峰. 清末晋南乡村社会的水利管理与运行：以通利渠为例 [J]. 中国农史，2005 (3)：23－30.

[265] 周亚. 明清以来晋南山麓平原地带的水利与社会：基于龙祠周边的考察 [J]. 中国历史地理论丛，2011，26 (3)：104－114.

[266] 周亚. 明清以来晋南龙祠泉域的水权变革 [J]. 史学月刊，

177

2016 （9）：89 - 98.

[267] 周自强. 从古代中国看《东方专制主义》的谬误 [J]. 史学理论研究，1993 （4）：32 - 43.

[268] 朱广忠. 埃莉诺·奥斯特罗姆自主治理理论的重新解读 [J]. 当代世界与社会主义，2014 （6）：132 - 136.

[269] 朱丽君. 共同体理论的传播、流变及影响 [J]. 山西大学学报 （哲学社会科学版），2019，42 （3）：84 - 90.

[270] 祝卫东，谭徐明，董沪婷，等. 浙江通济堰管理制度与现代治水研究 [J]. 水文化，2023 （2）：16 - 21.

[271] 宗发旺. 水利与地域社会：东钱湖水利治理研究 [D]. 宁波：宁波大学，2011.

[272] AGRAWAL A. Common property institutions and sustainable governance of resources [J]. World Development，2001，29 （10）：1649 - 1672.

[273] AGRAWAL A. Common resources and institutional sustainability, in Ostrom E, etal. (ed.), The Drama of the Commons [M]. Washington DC：National Academy Press，2002.

[274] ALCHIAN A A. Corporate management and property rights, in H. Manne (ed.), Economic Policy and the Regulation of Corporate Securities [M]. Washington DC：American Enterprise Institute，1969.

[275] AICHIAN A A，DEMSETZ H. The property rights paradigm [J]. Journal of Economic History，1973，33 （1）：16 - 27.

[276] ARARAL E. What explains collective action in the commons? Theory and evidence from the Philippines [J]. World Development，2009，37 （3）：687 - 697.

[277] BARZEL Y. Economic Analysis of Property Rights [M]. Cambridge: Cambridge University Press, 1997.

[278] BASURTO X, OSTROM E. Beyond the tragedy of the commons [J]. Economia Della Fonti Di Energi E dell' Ambiente, 2009, 52 (1): 35 - 60.

[279] BAUDOIN L, ARENAS D. From raindrops to a common stream: Using the social-ecological systems framework for research on sustainable water management [J]. Organization & Environment, 2020, 33 (1): 126 - 148.

[280] BROMLEY D W, CERNEA M M. The management of common property natural resources: Some conceptual and operational fallacies [R]. World Bank Discussion Paper, 1989.

[281] COASE R H. The problem of social cost [J]. The Journal of Law and Economics, 1960, 3 (October): 1 - 44.

[282] COX M. Applying a social-ecological system framework to the study of the taos valley irrigation system [J]. Human Ecology, 2014, 42 (2): 311 - 324.

[283] DEMSETZ H. Toward a theory of property rights [J]. The American Economic Review, 1967, 57 (2): 347 - 359.

[284] ELVIN M, NISHIOKA H et al. Japanese Studies on the History of Water Control in China: A Selected Bibliography [M]. Canberra: Institute of Advanced Studies, Australian National University, 1994.

[285] FISHER I. Elementary Principles of Economics [M]. New York: Macmillan, 1923.

参考文献

[286] FURUBOTN E, PEJOVICH S. Property rights and economic theory: A survey of recent literature [J]. Journal of Economic Literature, 1972, 10 (4): 1137 – 1162.

[287] GORDON H S. The economic theory of a common-property resource: The fishery [J]. Journal of Political Economy, 1954, 62 (2): 124 – 142.

[288] HARDIN G. The tragedy of the commons [J]. Science, 1968, 162 (3859): 1243 – 1248.

[289] MCGINNIS M D, OSTROM E. Social-ecological system framework: Initial changes and continuing challenges [J]. Ecology and Society, 2014, 19 (2): 30 – 41.

[290] MEINZEN – DICK R. Beyond panaceas in water institutions [J]. Proceedings of the National Academy of Sciences, 2007, 104 (39): 15200 – 15205.

[291] OSTROM E. Governing the Commons: The Evolution of Institutions for Collective Action [M]. Cambridge: Cambridge University Press, 1990.

[292] OSTROM E. Understanding Institutional Diversity [M]. Princeton: Princeton University Press, 2005.

[293] OSTROM E. A diagnostic approach for going beyond panaceas [J]. Proceedings of the National Academy of Sciences, 2007, 104 (39): 15181 – 15187.

[294] OSTROM E. A general framework for analyzing sustainability of social-ecological systems [J]. Science, 2009, 325 (5939): 419 – 422.

[295] POTEETE A R, JANSSEN M A, OSTROM E. Working Together: Collective Action, the Commons and Multiple Methods in Practice [M]. Princeton: Princeton University Press, 2010.

[296] SHIVAKOTI G P, BASTAKOTI R C. The robustness of Montane irrigation systems of Thailand in a dynamic human-water resources interface [J]. Journal of institutional economics, 2006, 2 (2): 227 - 247.

[297] WADE R. Village Republics: Economic Conditions for Collective Action in South India [M]. San Francisco: Institute for Contemporary Studies Press, 1994.

[298] WANG Y H. Towards a new science of governances [J]. Transnational Corporations Review, 2010, 2 (2): 87 - 91.

181

参考文献